Berichte des Deutschen Wetterdienstes

228

Die thermischen Verhältnisse im Bereich der deutschen Ostseeküste unter besonderer Berücksichtigung des Bioklimas und der Eisverhältnisse

von
Birger Tinz und Peter Hupfer

Offenbach am Main 2006
Selbstverlag des Deutschen Wetterdienstes

Zur Herstellung dieses Buches wurde chlor- und säurefreies Papier verwendet.

ISSN 0072-4130
ISBN 3-88148-409-4

Herausgeber und Verlag:

Deutscher Wetterdienst
Kaiserleistr. 29
63067 Offenbach am Main

Anschrift der Autoren:

Dr. Birger Tinz

Deutscher Wetterdienst
Abteilung Wettervorhersage
Bernhard-Nocht-Straße 76
20359 Hamburg

Prof. Dr. Peter Hupfer

Humboldt-Universität zu Berlin
Institut für Physik
Newtonstraße 15
12489 Berlin

Zusammenfassung

In der Arbeit wird das thermische Milieu des Küstengebietes der südwestlichen Ostsee unter Berücksichtigung der bodennahen Lufttemperatur, der Wassertemperatur, der Gefühlten Temperatur und der winterlichen Eisverhältnisse in Abhängigkeit vom räumlichen Maßstab behandelt. Diese komplexe Betrachtungsweise ist auch im Hinblick auf Klimaänderungen und ihre Folgen zweckmäßig.
Vorgestellt werden wesentliche Eigenschaften des Strandklimas, zu dem auch die sehr variable Wassertemperatur in der ufernahen Zone zu rechnen ist. Das veränderliche Strandklima reagiert unter autochthonen (=eigenbürtig) Bedingungen vor allem auf den Wechsel der Windrichtung zwischen ablandig und auflandig. Dadurch wird auch die Wassertemperatur, die durch Auftriebs- und Advektionsprozesse erheblich bestimmt wird, beeinflusst. Luft- und Wassertemperatur weisen starke horizontale Gradienten auf.
Im mesoskalen Bereich zeigen die die Kontinentalität bestimmenden Größen einen scharfen Übergang vom Meer zum Land, der die großräumige Zunahme der Kontinentalität von West nach Ost überlagert. Die Wassertemperatur besitzt charakteristische Unterschiede zwischen ufernahem Bereich und offener See. An der Außenküste wird die Variabilität dieser Größe durch dynamische Vorgänge im Sommer und Winter bestimmt. Das thermische Regime in den inneren Küstengewässern, wie z.B. den Bodden zeigt ein extremeres Verhalten zeigt, wobei die Variabilität vor allem durch wetterhafte Störungen bedingt ist. Angegeben werden die auf der Grundlage der Wassertemperatur bestimmten Daten zur Dauer der Badesaison, die ebenfalls eine hohe Veränderlichkeit aufweist.
Die für die Wetterwarte Warnemünde berechneten Basisdaten der Gefühlten Temperatur bilden die Grundlage für die bioklimatologische Bewertung des Übergangsgebietes zwischen Land und Meer. Diese Größe weist im Ostseeküstengebiet ebenfalls beträchtliche räumliche und zeitliche Unterschiede auf.
Dies ist auch kennzeichnend für das Auftreten von Meereis im Winter. Während die inneren Küstengewässer regelmäßig mit Eis bedeckt sind, ist die freie See nur in den selten vorkommenden kalten Wintern von der Bildung von Fest- und Treibeis betroffen.
Anhand langer Reihen der behandelten Größen wird gezeigt, dass auch im untersuchten Küstengebiet im 19. und 20. Jahrhundert klimatische Schwankungen aufgetreten sind, die mit den großräumigen Veränderungen vergleichbar sind. Die erste globale Erwärmung mit dem Maximum um 1940 war in diesem Gebiet relativ gut ausgeprägt, so dass – besonders im Gang der Wassertemperatur - diese den jüngsten Erwärmungstrend bis jetzt noch übertrifft.
Auf der Grundlage von Szenarienrechnungen (weitere Zunahme der anthropogenen Treibhausgasemissionen) mit dem gekoppelten Ozean-Atmosphäre-Klimamodell ECHAN4_OPYC (Max-Planck-Institut für Meteorologie Hamburg) ergibt sich auf der Grundlage eines speziellen Downscaling-Verfahrens, dass sich im 21. Jahrhundert die klimatischen Verhältnisse im Küstengebiet der südwestlichen Ostsee stark im Sinne einer Erwärmung von Luft und Wasser in allen Jahreszeiten ändern werden. Schlussfolgerungen werden jedoch erst nach dem Vorliegen klimatologisch umfassenderer Modellergebnisse möglich sein.
Diese Arbeit zeichnet sich dadurch aus, dass erstmalig der gesamte thermische Komplex im Bereich der deutschen Ostseeküste sowohl im Mikro- als auch im Mesomaßstab zusammenfassend dargestellt wurde. Neben der Lufttemperatur und dem Bioklima werden ebenfalls die Wassertemperatur und die damit zusammenhängenden Größen Meereis sowie Dauer der Badesaison als integrale Bestandteile des Küstenklimas angesehen. Ein weiteres Novum ist die gleichberechtigte Betrachtung der aktuellen Bedingungen und der beobachteten sowie möglichen künftigen Änderungen. Diese Betrachtungsweise zeigt Koppelstellen zu ökonomischen und ökologischen Entwicklungen auf, an die sich weiterführende Untersuchungen anschließen können.

Summary

This study deals with the thermal environment of the coastal area of the south-western Baltic Sea with consideration of the surface air temperature, the sea surface temperature, the Perceived temperature and the sea ice respectively in dependence on the spatial scale. This complex way of looking is useful also in view of climate changes and their impacts.
Essential features of the coastal climate are presented. To that belongs the very variable sea temperature in the near shore zone too. The changeable beach climate reacts in the case of autochthonous weather (low wind speed, sunshine) quickly to the alternation of offshore and onshore wind directions. By this the sea temperature, determined considerably by upwelling and advection processes, is influenced also by this alternation. Surface air temperature and sea surface temperature show strong horizontal gradients.
In the mesoscale the properties, determining the continentality, show a sharp transition between sea and land overlying the macroscale increase of continentality from west to east. The sea temperature shows characteristic differences between the nearshore zone and the open sea. At the seaside the variability of this property is determined by dynamical processes in summer and winter. In the inner coastal waters the sea temperature shows a more extreme behaviour, and its variability is caused by the changing weather. The statistical data of the duration of the likewise very variable bathing season deduced from the sea temperature are discussed.
Fundamental data of the Perceived Temperature, computed for the weather station Warnemünde form the basis for the bioclimatological assessment of the transition area between land and sea. This property shows considerable spatial and temporal differences too.
This is also the case for the occurrence of sea ice in winter. Whereas the inner coastal waters are regularly covered by ice, the open sea is concerned only in cold winters by fast and drift ice.
By analyzing of long time series of the investigated parameters is showed, that also in the interesting coastal area in the 19th and 20th century climatic variations are occurred, comparable with the corresponding macroscale variations. The first global warming with its maximum about 1940 was relatively well revealed. This warming exceeds – especially in the case of sea temperature – partly the recent increasing trend of the thermal properties.
On the basis of scenario runs (further increase of the anthropogenic greenhouse gas emissions) with the coupled ocean-atmosphere climate model ECHAM4_OPYC (Max-Planck-Institut für Meteorologie Hamburg) show together with a special down scaling procedure, that in the 21th century the surface air temperature as well as the sea temperature in the coastal area of the south-western Baltic Sea will considerably increase in all seasons. However, practical conclusions can be drawn after analysis of more comprehensive climate model studies, only.
The investigation of the whole thermal complex at the German Baltic both in the micro- and mesoscale is a new feature in this study. The air-temperature and the bioclimatological conditions as well as the sea temperature and the corresponding sea ice conditions and the bathing season are seen as integral components of the climate at the coast. An other new feature is the equal analysis of the actual conditions and the recent as well as the possible future conditions. This looking at the things allows further investigations in respect to economical and ecological problems.

Inhaltsverzeichnis

1 Einführung[1]

Die Küsten, die in der mittleren Uferlinie ihren unmittelbaren Ausdruck finden, stellen die auffälligsten und wichtigsten Naturgrenzen auf der Erde dar. Hier berühren sich Hydrosphäre, Lithosphäre und Atmosphäre und stehen in intensiver Wechselwirkung miteinander. Das resultiert nicht nur in der Küstendynamik, die sich auf ganz unterschiedlichen Zeitskalen vollzieht, sondern wirkt sich auch auf die Klimagenese und auf die von der Unterlage ausgehende Modifikation des Zustandes der Atmosphäre aus. Ursachen dafür sind die ganz unterschiedlichen Wärmehaushaltsbedingungen des Festlandes und des Meeres sowie die stark differierende Rauigkeit von Wasser und Land, wodurch das Windfeld in charakteristischer Weise verändert wird.

Der größte Teil der Menschheit wohnt in der Nähe des Meeres. Im Küstengebiet ballen sich im Allgemeinen Industrie und Gewerbe, insbesondere die Zweige der Seewirtschaft. In aller Welt dienen attraktive Strände der Erholung und Regeneration. Demgegenüber sind die Küstengebiete je nach ihrer Lage relativ häufig extremen Naturereignissen ausgesetzt, zu denen Orkane sowie die verschiedenen Begleiterscheinungen tropischer Wirbelstürme ebenso gehören wie Überschwemmungen infolge wind- und gezeitenbedingter Fluten oder auch langer Wellen wie den Tsunamis. Bei entsprechender geographischer Lage kann die winterliche Vereisung des küstennahen Meeres die wirtschaftlichen Aktivitäten stark hemmen oder verhindern.

Es gilt heute als eine gesicherte Erkenntnis, dass Küstenzonen sehr empfindlich auf Klimaschwankungen reagieren. Das bezieht sich in erster Linie auf den Wasserstandsanstieg, der sowohl auf die fortschreitende Erwärmung der Deckschicht des Ozeans als auch auf das Abschmelzen von Teilen des (nord)polaren Eises zurückgeführt werden kann. Als eine weitere Gefahr ist die mögliche Veränderung der Häufigkeit von Sturmfluten in Zusammenhang mit Umstellungen der allgemeinen Zirkulation der Atmosphäre erkannt worden (für die Ostseeküste s. HUPFER et al. 2003). Die komplexen Folgen, die eine Küstenregion im Fall einer tief greifenden Klimaänderung betreffen, sind bisher noch nicht genügend beachtet worden. Sowohl die Veränderungen ozeanographischer Größen als auch die entsprechenden Variationen aller Klimaelemente werden voraussichtlich tief in die Lebens- und Wirtschaftsweise in den küstennahen Regionen eingreifen. Diese Feststellungen gelten auch für die deutschen Küsten der Nord- und Ostsee. In der Abb. 1.1 sind einige grundlegende Zusammenhänge, wie sie für die Ostsee gelten, schematisch dargestellt.

Die konventionelle Küstenforschung konzentriert sich vor allem auf die Bestimmung und Modellierung der Küstendynamik, auf die Abrasions- und Akkumulationsabschnitte einer Küste sowie auf die Schaffung wissenschaftlicher Grundlagen für praktische Maßnahmen zum Küstenschutz. In diesem Zusammenhang und aus anderen praktischen Gründen wird auch den Wasserstandsverhältnissen erhebliche Aufmerksamkeit geschenkt, für die Ostseeküste siehe hierzu HUPFER et al. (2003).

Obwohl der Begriff „Küstenlinienmeteorologie" (*coast line meteorology*) schon vor längerer Zeit zur Kennzeichnung der meteorologischen Besonderheiten, die im unmittelbaren Küstenbereich auftreten, von MUNN und RICHARDS (1964) geprägt worden ist, ist die meteorologische Küstenforschung verhältnismäßig wenig entwickelt.

Die vorliegende Arbeit verfolgt das Ziel, insbesondere die thermischen Verhältnisse im Bereich der deutschen Ostseeküste näher und in Abhängigkeit vom betrachteten Maßstab zu untersuchen. Dazu werden die Verhältnisse im ufernahen Seegebiet, ausgedrückt hier durch die Wassertemperatur, und die über Land als Einheit gesehen, wenn auch eine fassbare Berück-

[1] Die Autoren widmen diese Arbeit Herrn Prof. Dr. Chr.-D. Schönwiese aus Anlass der Vollendung seines 65. Lebensjahres

sichtigung des thermischen Regimes in der ufernahen Zone des Meeres für das Bioklima des Menschen noch aussteht.

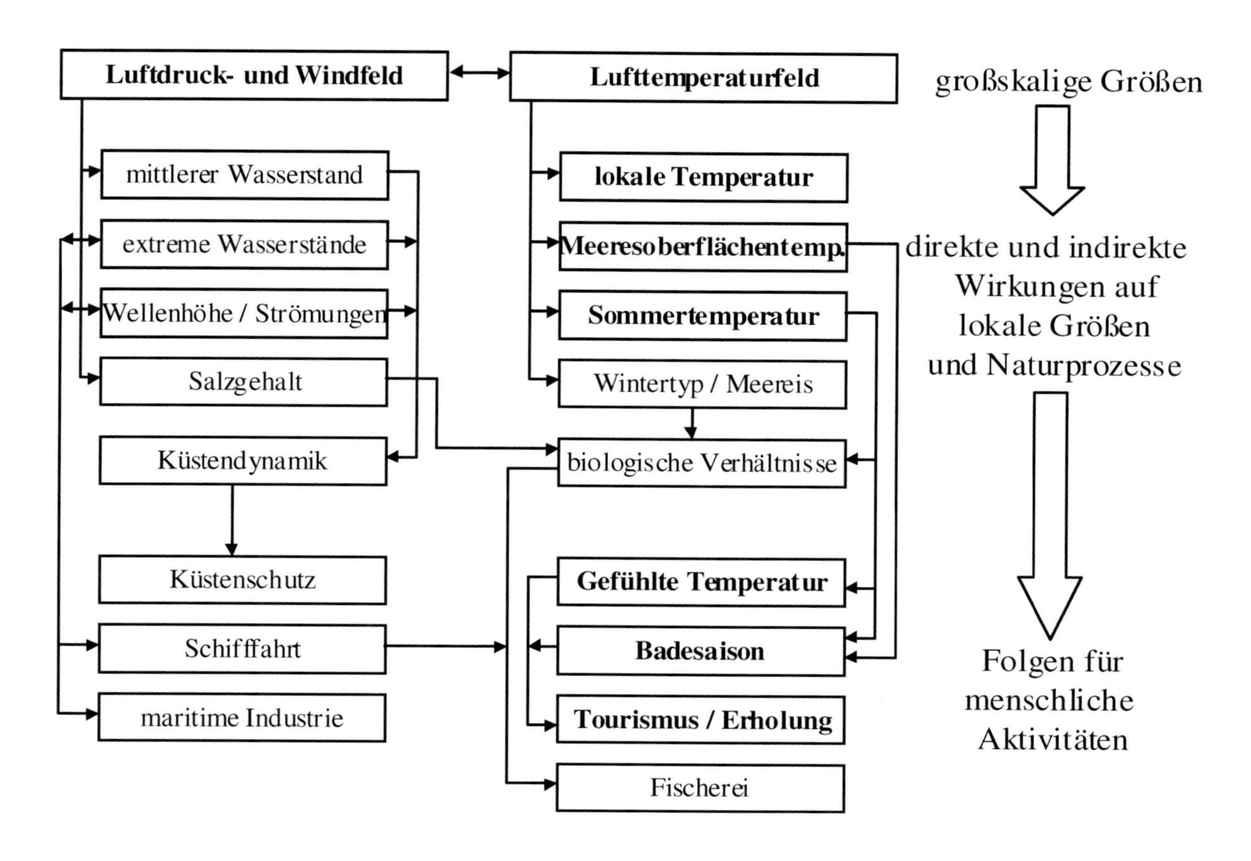

Abbildung 1.1: Schematische Darstellung des Zusammenhanges zwischen den Veränderungen großräumiger meteorologischer Felder und verschiedenen Folgen im Bereich der Ostseeküste (nach TINZ und HUPFER 2005a). Die fett hervorgehobenen Größen sind Gegenstand dieser Arbeit

Das Strandklima (Kapitel 2), in dem sich der klimatische Übergang zwischen Land und Meer in Bodennähe vollzieht, wurde für die Ostseeküste bisher nur durch die Untersuchungen zur Zeit des Bestehens des Maritimen Observatoriums Zingst der Universität Leipzig systematisch erforscht. In den Ausführungen werden die vielfältigen Realisierungen dieses speziellen Klimas deutlich, das ohne Kenntnis der Wärmehaushaltsbedingungen, des Windfeldes sowie der Temperaturverhältnisse im ufernahen Meer nur unvollständig verstanden werden kann. Von besonderer Bedeutung ist die Erkenntnis, dass in Bodennähe ein großer Teil der thermischen Differenz zwischen Land und Meer bereits im Abstand von magn. 10^2 m von der Uferlinie überwunden wird. Die im Sommer an Strahlungstagen charakteristisch differierenden Tagesgänge von Luft- und Wassertemperatur sind ebenso von bioklimatischer Bedeutung wie die Land-Seewind-Zirkulation und die Auftriebsdynamik. Da gerade die Ostseestrände im Sommer durch Badegäste dicht bevölkert sind, kommt der spezifischen Prognose des aktuellen Strandklimas eine gewisse Bedeutung zu, für die methodische Grundlagen angeführt werden.
Das allgemeine Küstenklima (Kapitel 3) kann als eine mesoklimatische Struktur aufgefasst werden, die hier durch die Verteilung eines speziellen Kontinentalitätsindexes abgebildet wird. Zur näheren Kennzeichnung werden die statistischen Charakteristiken der Luft- und Wassertemperatur sowie der Differenz dieser Größen diskutiert. U.a. wird das Phänomen des Auftriebs von Tiefenwasser, das insbesondere im Sommer das thermische Milieu entlang der Küste beeinflusst, sowohl auf der Basis der Auswertung von Terminbeobachtungen als auch durch ein Fallbeispiel näher untersucht. Von erheblicher Bedeutung für Tourismus und Kurwesen ist

die Anzahl der aus der Wassertemperatur bestimmten Badetage im Jahr. Diese Größe variiert erheblich von Jahr zu Jahr und unterliegt auch Langzeitänderungen.
Es ist nicht überraschend, dass das Küstengebiet der Ostsee im Hinblick auf das Bioklima des Menschen (Kapitel 4) spezifische Züge im Vergleich zu anderen Landesteilen trägt. Zur Bestimmung der thermischen Komfort- bzw. Diskomfortbedingungen wird die jetzt gebräuchliche Gefühlte Temperatur herangezogen, wobei Tages- und Jahresgänge dieser Größe für die in unmittelbarer Strandnähe gelegene Station Warnemünde im Mittelpunkt stehen. Bei besonderen Wetterlagen können die Unterschiede zwischen Gefühlter Temperatur und Lufttemperatur Rekordwerte erreichen.
Zu den thermischen Besonderheiten im Winter gehört das Auftreten von Meereis (Kapitel 5), das in sehr variabler Weise den Eiswinter an der Ostseeküste prägt. Während man in nahezu allen Wintern Eisbildung in den inneren Seegebieten (Förden, Bodden und Haffe, Mündungsgebiete) beobachten kann, tritt Eis in den verschiedenen Formen in häufig lange anhaltenden Strengwintern in der offenen See auf und kann diese ganz bedecken. In diesen seltenen Strengeiswintern sind die Schifffahrt ebenso wie andere Seewirtschaftszweige schwer behindert.
Lange Zeitreihen der behandelten Größen (Kapitel 6) wurden – wenn man von älteren Arbeiten (z.B. HUPFER 1962) absieht – bisher nur selten untersucht (s. TINZ 2000, HUPFER und TINZ 2001, TINZ und HUPFER 2005b). Mit Hilfe eines Ozean-Atmosphäre-Klimamodells (hier ECHAM4_OPYC des Max-Planck-Instituts für Meteorologie Hamburg) können die zeitlichen Verläufe der untersuchten Größen nach statistischer Koppelung dieser mit durch das Modell berechneten Parametern bis zum Ende dieses Jahrhunderts abgeschätzt werden. Dabei gilt allerdings die Voraussetzung, dass das zugrunde liegende Treibhausgas-Szenario (weitere beträchtliche Zunahme des CO_2-Gehaltes der Atmosphäre) tatsächlich eintritt und die Beziehungen zwischen den untersuchten Größen und den vom Modell berechneten auch unter veränderten klimatischen Bedingungen erhalten bleiben. Nach dem heutigen Stand der Kenntnis wird sich das Küstenklima der Ostsee tief greifend ändern, wenn die Mitteltemperaturen um einige Grad ansteigen. Ob eine solche Entwicklung dem Gebiet mehr Nach- als Vorteile bringen wird, kann gegenwärtig noch nicht beurteilt werden. Dazu bedarf es weiterer Untersuchungen, in die die voraussichtlichen Veränderungen aller Klimaelemente einbezogen werden müssen.

2 Der Übergang Meer – Land im Micro-Scale: Das Strandklima

2.1 Einführung

Im Bereich der Uferlinie, wo der nach Breite und materialmäßiger Ausstattung höchst variabel gestaltete Strand (GELLERT 1985) das vorherrschende morphologische Element darstellt, führt der abrupte Wechsel der Unterlageneigenschaften zur Ausbildung eines speziellen Strandklimas. Da in allen klimatisch geeigneten Teilen der Welt die Strände eine starke Anziehungskraft auf Erholungssuchende haben, ist das Bioklima des Strandes von besonderer Bedeutung (GEIGER 1961, YOSHINO 1975).

Abbildung 2.1: Ufernahe Zone der Ostsee bei Zingst mit Sandstrand, bepflanzter Düne und Küstenschutzwald. Links: Blick vom Messpunkt Turm (s. Text) nach Nordost (Foto: Archiv Hupfer). Rechts: Luftbildaufnahme mit Blick nach Süden. (Foto: Uwe Engler, http://www.Küstenpanorama Fischland-Darß-Zingst aus der Luft.htm). Die Messpunkte (s. Text und Abb. 2.2a/b) sind wie folgt gekennzeichnet: OBS = Observatorium Zingst, TURM = Turm und BK = Brückenkopf (ungefähre Lage)

Das gilt auch für die Strände der gezeitenarmen Ostsee. Wie an den Küsten aller Anliegerländer, sind die Strände der etwa 470 km langen deutschen Küste vor allem im Sommer schon seit mehr als 100 Jahren für den Tourismus, das Kurwesen und die Thalassotherapie besonders attraktiv. Bei etwa 67 % der Küstenlänge handelt es sich um meist mit Sandstränden versehene Flachküsten, während der Rest im Wesentlichen auf die Steilküsten entfällt.
Die nachfolgend vorgestellten Befunde zum Strandklima der Ostseeküste beziehen sich auf die nahezu west-ost-gerichtete Flachküste der Halbinsel Zingst (zur geographischen Lage s. Abb. 3.9). Dort unterhielt die Universität Leipzig ab 1957 ein Maritimes Observatorium, das vor allem der Vermittlung von Grundkenntnissen in Ozeanographie und maritimer Meteorologie für Studenten, aber auch der Durchführung spezieller Forschungsarbeiten diente. Die Zingster Küste kann als charakteristisch für zahlreiche Küstenstrecken angesehen werden, die besonders stark vom Tourismus frequentiert werden.

An diese Küste schließt sich landwärts der Uferlinie ein relativ schmaler, einige Dekameter breiter Sandstrand an, dem eine 3-4 m hohe, bepflanzte Düne folgt. Dahinter erstreckt sich ein 30-40 m breiter Waldstreifen mit Fichten, Birken und Buschwerk (Abb. 2.1 und 2.2a). Dann kommt der Küstenschutzdeich, der die Grenze zwischen dem ufernahen Bereich und dem dahinter liegenden Ort bzw. Wiesen- und Waldflächen bildet. Seewärts der Uferlinie ist der wasserbedeckte Vorstrand durch langsam zunehmende Wassertiefen gekennzeichnet, wobei das Relief durch zwei dynamisch bedingte Riffe bestimmt wird. Neben der Durchführung zeitlich begrenzter Messprogramme war in Zingst zwischen 1976 und 1991 ein Dauermessprogramm in Betrieb, in dessen Rahmen folgende Größen kontinuierlich registriert wurden:

- Messpunkt **OBS** (Messwiese des Observatoriums, die etwa 200 m von der Uferlinie entfernt liegt): Trocken- und Feuchttemperatur mit Psychrometer in 2 m ü. G.,
- Messpunkt **Turm** (am seewärtigen Rand des Küstenwaldes in etwa 50 m von der Uferlinie entfernt): Globalstrahlung (15,7 m ü. G.), Windrichtung und -geschwindigkeit (16,5 m ü. G.) und
- Messpunkt **BK** (Brückenkopf, am seewärtigen Ende eines Messstegs in etwa 60 m von der Uferlinie entfernt): Trocken- und Feuchttemperatur mit Psychrometer (5,8 m ü. Mittelwasser), Windgeschwindigkeit (6,0 m ü. Mittelwasser) und Wassertemperatur (1,0 m u. Mittelwasser).

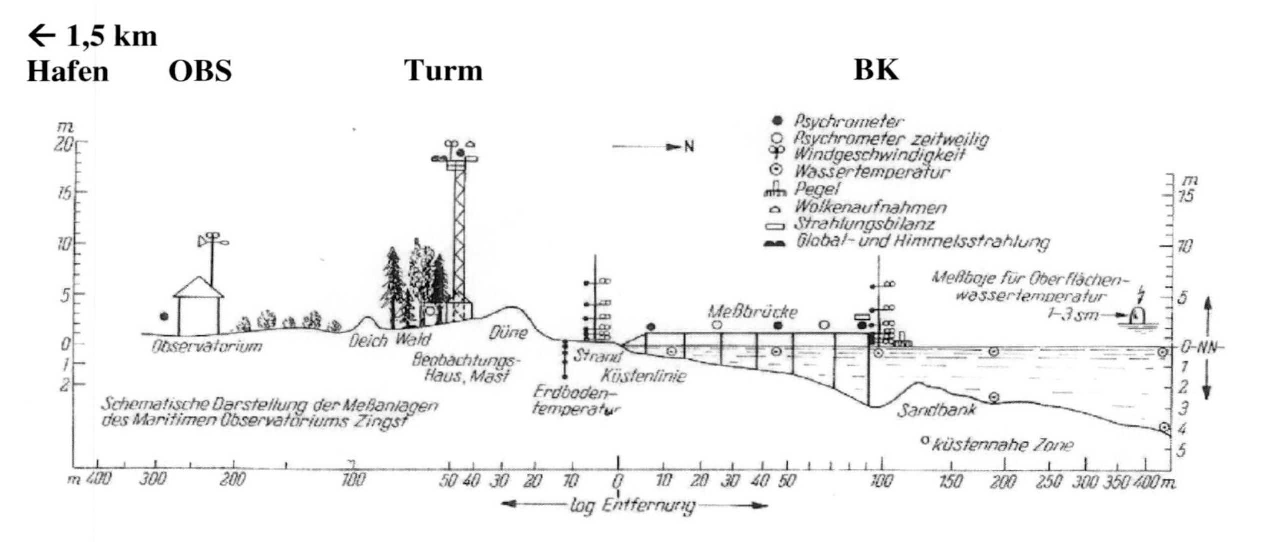

Abbildung 2.2a: Darstellung der Messanlagen am Maritimen Observatorium Zingst (vgl. Abb. 2.1)

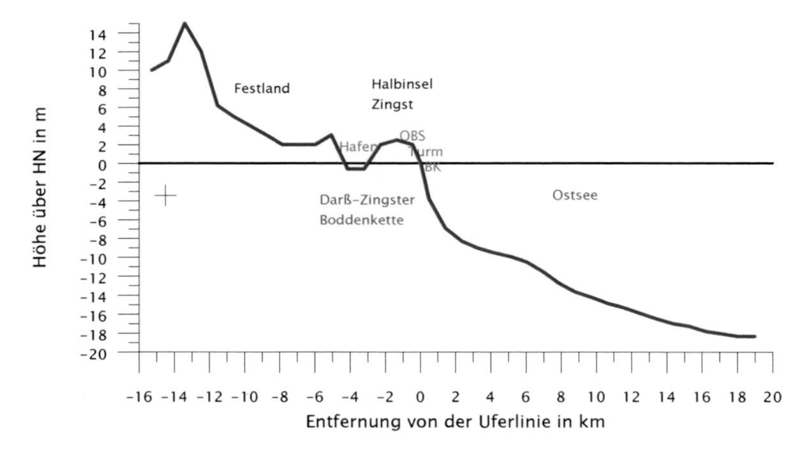

Abb. 2.2b: Höhenprofil im Bereich der Halbinsel Zingst entlang 12°25' E. Die ungefähre Lage der Messpunkte Hafen, Observatorium (OBS), Turm und BK (Brückenkopf) ist mit eingetragen

Weiterhin werden die Ergebnisse von Sondermessungen, die oft sehr engabständig erfolgten, herangezogen. Zusätzlich erfolgten Messungen der Wassertemperatur im etwa 1,5 km entfernten Zingster Strom, der Teil der Darß-Zingster-Boddenkette ist (Abb. 2.2b). Die Analyse dieser Wassertemperaturdaten folgt im Kap. 3. Während an der Küste der Meeresboden relativ schnell abfällt, ist die Darß-Zingster Boddenkette sehr flach und damit meist ungeschichtet. Der kleine Wasserkörper reagiert schnell auf wetterhafte Störungen, während die das Meer an der Küste träger reagiert und Advektion sowie Auftrieb zusätzlich von Bedeutung sind.
Die Messreihen vom Messpunkt Brückenkopf waren durch Eisgang, Sturm, Hochwasser und andere Ereignisse relativ häufig unterbrochen. Insbesondere war eine zuverlässige Auswertung der Feuchtemessungen nicht kontinuierlich möglich. Insgesamt liegt jedoch ein wahrscheinlich unikales Datenmaterial vor, das erlaubt, die wesentlichen Eigenschaften des Strandklimas zu erfassen. Im Folgenden werden auf der Grundlage charakteristischer Beispiele das Strandklima für diesen Teil der deutschen Ostseeküste vorgestellt und Schlussfolgerungen gezogen.

2.2 Wärmehaushalt

An der Grenzlinie zwischen Meer und Land treffen sehr unterschiedliche Wärmehaushaltsregimes aufeinander, die letztlich die Bildung des maritimen Klimas über See und des kontinentalen Klimas über Land bewirken. Die hauptsächlichen Unterschiede zwischen Wasser und Boden gegenüber der Solarstrahlung bestehen in der kurzwelligen Albedo (8-10 % über dem Meer, 5-70 % über dem Land), in der Art des Eindringens in das Substrat (die Absorption erfolgt im Wasser in einer größeren Schicht, im Boden dagegen in unmittelbarer Oberflächennähe) sowie in der unterschiedlichen Umwandlung von Strahlungsenergie in Wärme (spezifische Wärmekapazität von Böden 300 - 2 000 J kg^{-1} K^{-1}, von Wasser ca. 4 200 J kg^{-1} K^{-1}). Dazu kommt die unterschiedliche Art der Wärmeverteilung innerhalb der jeweiligen Unterlage, die im stets in Bewegung befindlichen Meer turbulent (turbulente Leitung magn. $10^2 ... 10^5$ m^2 s^{-1}) und im ruhenden Boden dagegen molekular (Temperaturleitfähigkeit 10^{-5} m^2 s^{-1}) verläuft. Dazu kommt, dass die beiden Unterlagen eine sehr unterschiedliche Wirkung auf das Windfeld ausüben, was durch um mehrere Größenordnungen differierende Rauigkeitshöhen zwischen Meer und Land belegt wird (s. Abschnitt 2.3). Auf diese Weise entstehen im ufernahen Bereich mehr oder weniger sprunghaft verlaufende Übergänge der Wärmehaushaltskomponenten, die auch die Genese des Strandklimas beeinflussen. In der Tab. 2.1 sind die Prozesse aufgeführt, die zu den Änderungen der Wärmehaushaltsgrößen im Strandbereich führen.

Tabelle 2.1: Einflussgrößen und Effekte auf Wärmehaushaltsgrößen im Übergangsbereich zwischen Land und Meer

Wärmehaushaltskomponente	In ufernormaler Richtung wirkende, räumlich inhomogene Einflussgrößen	Effekte an der Uferlinie
Globalstrahlung, Albedo	Bedeckungsgrad, Wolkenart, Trübung, direkte und diffuse Sonnenstrahlung	Konvektive Bewölkung, sprunghafte, starke Änderung
Langwellige Strahlungsbilanz	Seegang, Bodenfeuchte, Dampfdruck, Luft- und Wassertemperatur, Bedeckungsgrad, Wolkenart	Resultierend geringe Änderung
Strahlungsbilanz (Nettostrahlung)	Kurz- und langwellige Strahlungskomponenten	Sprunghafte Änderung
Fühlbarer und latenter Wärmestrom	Luft- und Wassertemperatur, Windgeschwindigkeit, Dampfdruckänderung mit der Höhe, Bodenfeuchte	Sprunghafte Änderung
Horizontaler Wärmetransport unterhalb der Oberfläche	Ufernahes Meer: Änderung der Wassertemperatur und der Turbulenzeigenschaften in ufernormaler Richtung Ufernahes Land: Ufernormale Änderung der Bodentemperatur	Maximale Werte im ufernahen Meer mit jahreszeitlicher Richtungsumkehr

Für die Globalstrahlung stellt die Küstenlinie insbesondere bei autochthoner Witterung eine auch visuell deutlich zu erkennende Scheidelinie dar, die vor allem über die Bewölkungsverhältnisse gesteuert wird. Im Frühjahr und Sommer ist die Luft über dem kühlen Wasser stabil geschichtet, während über dem Land Konvektion mit entsprechender Wolkenbildung vorherrscht. Da sich vom Land zum Meer driftende Wolken beim Passieren der Uferlinie rasch auflösen, ist das Strandklima in der warmen Jahreszeit häufig durch einen höheren Strahlungsgenuss als das benachbarte Hinterland gekennzeichnet. Die umgekehrten Verhältnisse bilden sich in der kalten Jahreszeit viel seltener in reiner Form aus.
Ausgesprochen sprunghafte Änderungen zeigt die kurzwellige Albedo im ufernahen Bereich. Aus Abb. 2.3 geht hervor, wie diese Größe von Werten zwischen 40 und 50 % über dem trockenen hellen Sandstrand zu den typisch marinen Werten von 10-15 % fällt. Modifikationen ergeben sich je nach Feuchtegehalt des Strandsandes, des Seegangs in der Brandungszone und der Bewölkung (SCHMAGER und HUPFER 1974). Demgegenüber zeigt die Bilanz der langwelligen Strahlungsströme nur einen relativ kleinen Effekt beim Übergang von Wasser zu Land, da sich die beteiligten Einflüsse weitgehend gegenseitig kompensieren (s. Tab 2.1).

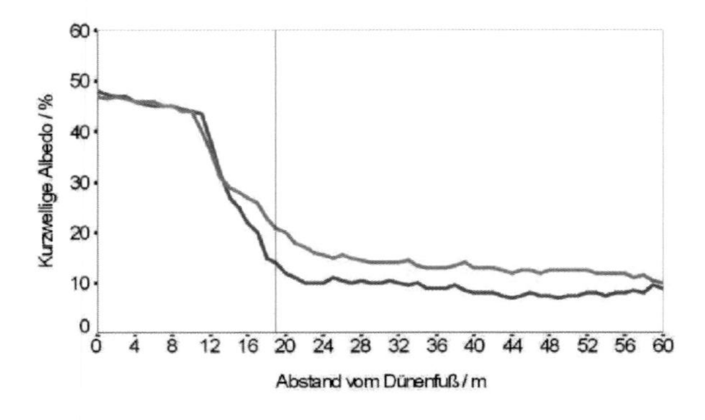

Abbildung 2.3: Zwei Beispiele gemessener, sommerlicher Albedoprofile über dem Sandstrand und der ufernahen Wasserzone bei Zingst. Die senkrechte Linie markiert die mittlere Uferlinie

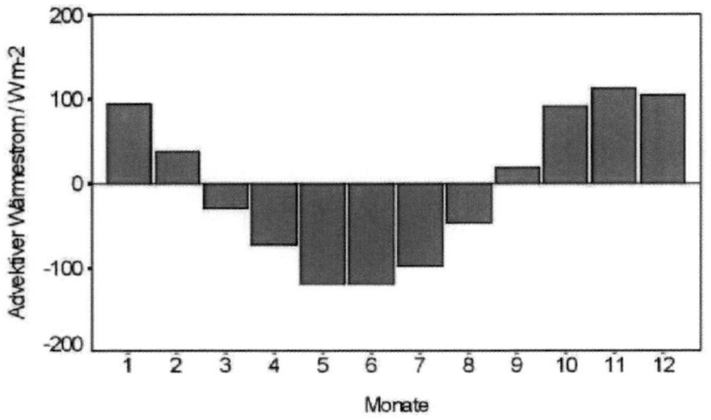

Abbildung 2.4: Mittlerer Jahresgang der ufernormalen Wärmeadvektion in der ufernahen Zone der südwestlichen Ostsee bei Zingst. Positive (negative) Werte bedeuten Wärmezufuhr (-abfluss) vom (zum) Meer

Die turbulenten Wärmeströme weisen wiederum ein typisches Sprungverhalten auf. Der latente Wärmestrom entspricht für das ufernahe Meer der potenziellen Verdunstung, während der Strand häufig vollkommen trocken ist und keine Verdunstung stattfindet. Der fühlbare Wärmestrom zeigt die größten Unterschiede in der warmen Jahreszeit mit geringen Werten über dem Meer und hohen negativen Werten im Strandbereich.
Für das bioklimatische Strandmilieu, das neben dem eigentlichen Strand auch die ufernahe Wasserzone (Badebereich) einschließt, sind die ufernormalen advektiven Wärmeströme im Wasser von Bedeutung. In dieser Flachwasserschicht wird zwischen März und August mit dem Maximum im Mai und Juni (Zeitraum der stärksten Wassertemperaturzunahme) der größte Teil der absorbierten Wärme durch turbulente Wasserbewegungen zum Meer hin abgeführt. In der kalten Jahreszeit ist dieser Wärmestrom, dem mittleren Temperaturgradienten folgend, entgegengesetzt gerichtet, er bewahrt den Flachwasserbereich am Ufer vor zu schneller Abkühlung (Abb. 2.4). Die Tab. 2.2 enthält die Hauptzahlen des Wärmehaushaltes für die ufernahe Zone des Meeres (berechnet aus langjährigen meteorologischen Daten für den Untersuchungsraum, Einzelheiten und verwendete Formeln s. HUPFER 1974) und für die Station Eberswalde im norddeutschen Flachland (nach KORTÜM, s. HUPFER und KUTTLER 2005). Das leichte Überwiegen des sommerlichen Wärmeabflusses aus der ufernahen Zone gegenüber der winterlichen Wärmezufuhr in diese muss als Folge von Fehlern der Berechnungsmethoden angesehen werden. In Abb. 2.5 sind die Wärmeumsätze für Wasser und Land in der kalten und warmen Jahreszeit vergleichend dargestellt.

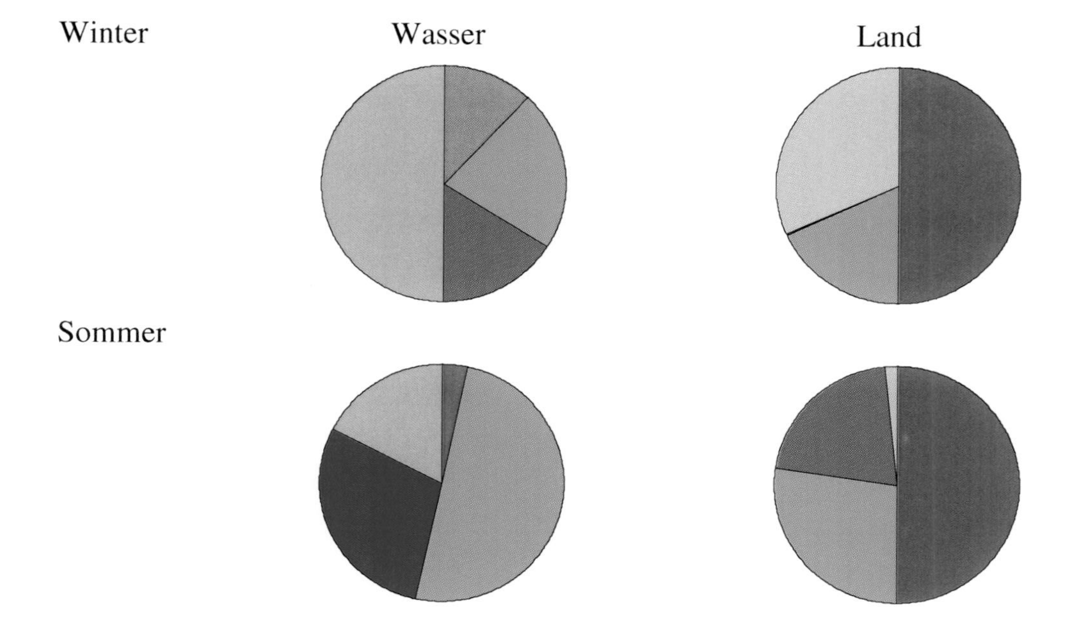

Abbildung 2.5: Prozentuale Verteilung des Wärmeumsatzes durch Strahlungsbilanz (rot), latentem (grün) und fühlbarem Wärmestrom (blau) sowie Wärmefluss im Wasser bzw. im Boden (pink) in der ufernahen Zone der Ostsee (links) und über Land (rechts) im Winter- (oben) und Sommerhalbjahr (unten). Die Vorzeichen der einzelnen Segmente können Tab. 2.2 entnommen werden

Tabelle 2.2: Gegenüberstellung langjähriger Mittelwerte der Wärmehaushaltskomponenten für die ufernahe Zone der Ostsee und für das norddeutsche Flachland (Eberswalde) in W m^{-2} für das Winter- und Sommerhalbjahr (s. Text)

Komponente	Ufernahe Wasserzone		Binnenland	
	Okt.-Mär.	Apr.-Sep.	Okt.-Mär.	Apr.-Sep.
Strahlungsbilanz	-17,2	118,2	0,6	92,8
Latenter Wärmestrom	-32,1	-42,8	-9,2	-50,3
Fühlbarer Wärmestrom	-23,2	-0,8	5,4	-39,3
Wärmestrom im Boden / im Wasser	72,5	-74,6	3,2	-3,2

Die kurzen Ausführungen zeigen, dass sich bereits im unmittelbaren Bereich der Uferlinie der entscheidende Übergang zwischen Land und Meer im Wärmehaushalt vollzieht. Die wirkenden horizontalen Maßstäbe variieren zwischen Metern (Albedo, Strahlungsbilanz, Wärmeströme) und Kilometern (Globalstrahlung).

2.3 Windfeld

Die Strandzone trennt die aerodynamisch glatte Meeresoberfläche von der aerodynamisch rauen Landoberfläche. Zur Quantifizierung eignet sich die Rauigkeitshöhe z_0, die theoretisch die Höhe über der Unterlage darstellt, in der die Windgeschwindigkeit den Wert Null annimmt. Dieser Wert variiert zwischen $10^{-4}...10^{-3}$ m über See und $10^{-2}...10^{1}$ m über Land (s. bspw. FOKEN 2003). Diese Verhältnisse bewirken an der Küste bei auflandigem Wind eine Bremsung der Luftströmung, was mit Massenkonvergenz und aufsteigender Luftbewegung verbunden ist. Bei ablandigem Wind kommt es dagegen über dem küstennahen Meer zu einer Massendivergenz mit einer nach unten gerichteten Vertikalbewegung. Wenn der Wind vom Meer zum Land gerichtet ist, wird dynamisch die Ausbildung eines schmalen Bandes erhöhten Niederschlages entlang der Küste gefördert. Im Normalfall nimmt der Niederschlag im Untersuchungsgebiet vom Hinterland zum Meer ab. Die üblichen Karten der mittleren Niederschlagsverteilung zeigen den küstennahen mesoskalen Effekt in der Regel nicht. In der Tab. 2.3 sind mittlere jahreszeitliche Niederschlagshöhen und -häufigkeiten geeignet gelegener Messpunkte angegeben.

Tabelle 2.3: Mittlere Niederschlagshöhen und -häufigkeiten (1948/58) für Stationen, die etwa normal zur Ostseeküste liegen. Die kursiv gesetzten Zahlenfolgen enthalten den im Text beschriebenen Effekt

Station	Winter DJF	Frühjahr MAM	Sommer JJA	Herbst SON	Jahr
Mittlere Niederschlagshöhe / mm					
Zingst	*143*	*107*	*203*	*159*	*612*
Barth	*136*	*103*	*196*	*141*	*576*
Tribsees	*138*	*112*	*205*	*146*	631
Niederschlagshäufigkeit / Tage					
Feuerschiff Gedser Rev (dän.)	56	43	*45*	*44*	188
Warnemünde (strandnah)	62	52	*56*	*54*	224
Neustrelitz	65	53	*54*	*53*	225

Während die Niederschlagshöhen den Effekt in jeder Jahreszeit zeigen, ist die Niederschlagshäufigkeit nach diesen Daten nur im Sommer und Herbst an der ufernahen Station erhöht. Die dynamisch bedingte Niederschlagserhöhung im ufernahen Bereich ist Bestandteil des Strandklimas, wenn auch für das Bioklima des Strandes nicht relevant.
Die Bildung von Konvergenzen und Divergenzen im Windfeld ist mit einem charakteristischen Wechsel in der Struktur der vertikalen Windprofile in der Bodenschicht der Atmosphäre verbunden. Bei neutraler Schichtung kann das vertikale Windprofil nach der bekannten Gleichung

$$v(z) = \frac{u_*}{k} \ln \frac{z}{z_0}$$

mit $v(z)$ = horizontale Windgeschwindigkeit in der Höhe z, z_0 = Rauigkeitshöhe, k = 0,4 (dimensionslose Karmán-Konstante) und u_* = Schubspannungsgeschwindigkeit berechnet werden. Für letztere Größe besteht die Relation

$$u_* = \sqrt{\frac{\tau}{\rho_a}}$$

mit τ = Windschubspannung und ρ_a = Luftdichte. In vereinfachter parametrisierter Form kann die Windschubspannung aus

$$\tau = \rho_a C_{D10} v_{10}^2$$

bestimmt werden. Die mit Schichtung und Windgeschwindigkeit veränderliche Größe C_D wird als Spannungskoeffizient (*drag coefficient*) bezeichnet, der Index 10 weist darauf hin, dass sich die Größen in der Regel auf eine Messhöhe von z = 10 m über der Unterlage beziehen. Als mittlerer Wert dieses Koeffizienten kann nach GARRAT (1992)

$$C_{D10} = (a + b\, v_{10})\, 10^{-3}$$

mit a = 0,75 und b = 0,067 für Windgeschwindigkeiten $3{,}5\ m\ s^{-1} < v_{10} < 20\ m\ s^{-1}$ angenommen werden. Bei niedrigeren Windgeschwindigkeiten kann mit $C_{D10} = 1 \cdot 10^{-3}$ gerechnet werden.

Über See erfolgt die Abbremsung der Windgeschwindigkeit in viel geringerer Höhe als über dem Land (Abb. 2.6). Zwischen diesen Typen des vertikalen Windprofils in der Bodenschicht kommt es im ufernahen Bereich zu einer gegenseitigen Durchdringung, was zur Ausbildung interner Grenzschichten führt (Abb. 2.7). Bei auflandigem Wind entwickelt sich ab der Uferlinie landwärts ein mit der Uferentfernung an Höhe zunehmender Profilteil, dessen Parameter bereits landbürtig sind. Der obere Profilteil wird weiterhin von den seebürtigen Parametern bestimmt. Bei ablandigem Wind entwickelt sich die interne Grenzschicht über dem küstennahen Meer, wobei das Windprofil nunmehr im unteren Teil durch seebürtige, im oberen Profilteil dagegen noch durch landbürtige Parameter charakterisiert ist. Werte des Spannungskoeffizienten und der Schubspannungsgeschwindigkeit nach verschiedenen Experimenten in der ufernahen Zone enthält die Tab. 2.4.

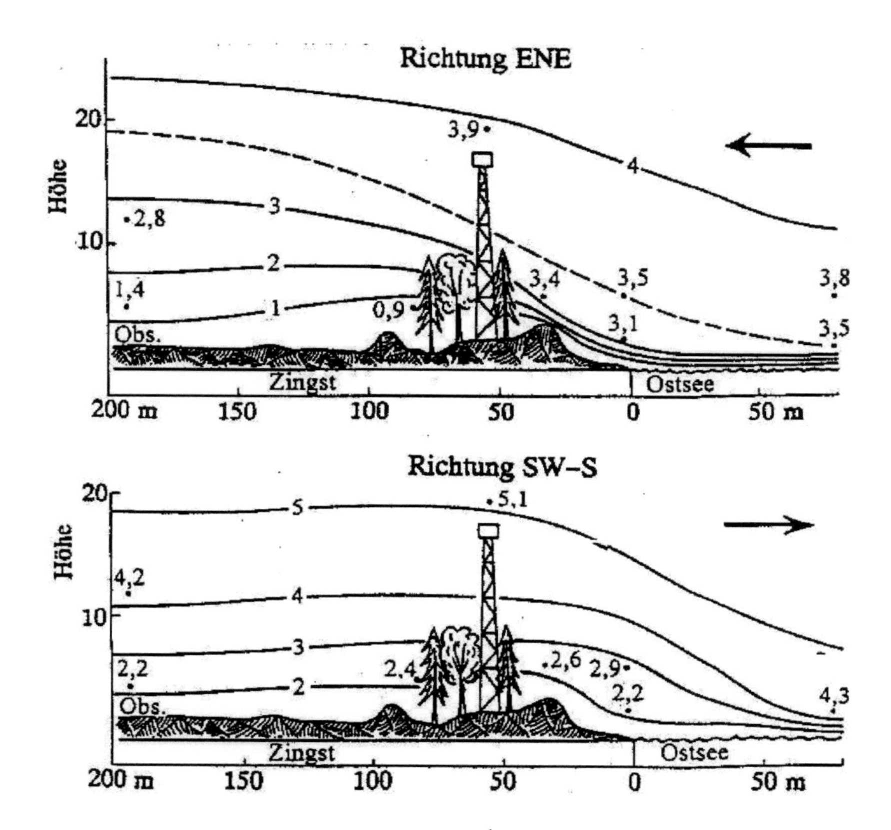

Abbildung 2.6: Vertikalschnitt der Windgeschwindigkeit in m s^{-1} im ufernahen Bereich der Ostsee bei Zingst bei auflandigem (oben, 09.08.1968) und ablandigem Wind (unten, 16.08.1968) nach HUPFER (1970)

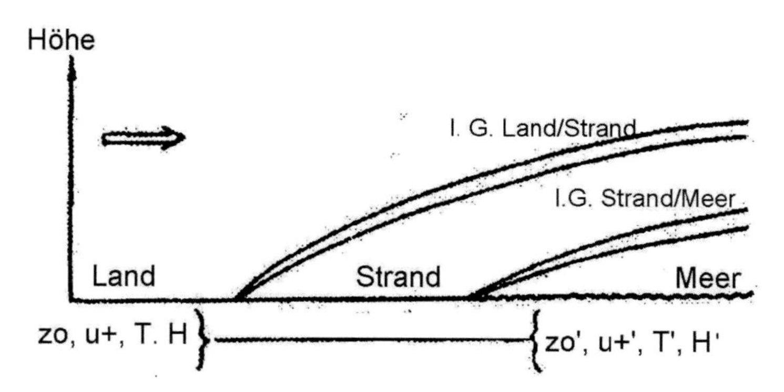

Abbildung 2.7: Schematische Darstellung der Ausbildung interner Grenzschichten des Windfeldes bei Wechsel der Rauigkeitshöhe z_0, der Schubspannungsgeschwindigkeit u_*, des fühlbaren Wärmestromes zwischen Unterlage und Luft H sowie der Oberflächentemperatur T bei den verschiedenen Unterlagen im ufernahen Bereich nach HUPFER (1984)

Die Ergebnisse eingehender Untersuchungen über die interne Grenzschicht des Windes bei Zingst hat RAABE (1986, 1991a,b), s.a. HUPFER und RAABE (1994), vorgelegt. Für die Höhe dieser Profiländerung hat er empirisch die Beziehung

$$d = 0{,}3\ X^{0{,}5}\ /\mathrm{m}$$

für den Bereich 5 m < X < 10 000 m abgeleitet.

Tabelle 2.4: Vergleich von Kennwerten des oberen und unteren Windprofilteiles für die ufernahe Zone der Ostsee und des Schwarzen Meeres

Parameter	Gebiet	Unterer Profilteil	Oberer Profilteil	Windwirklänge (fetch) / m
$C_D \cdot 10^3$	Ostsee (Zingst)	0,71	2,61	80
	Schwarzes Meer (Kamcija)	0,48	1,46	170
u_* / cm s^{-1}	Ostsee (Zingst)	16,3	34,5	80
	Schwarzes Meer (Kamcija)	7,48	17,2	170

In Zusammenhang mit dem Rauigkeitswechsel an der Uferlinie ergeben sich interessante Besonderheiten für das Windklima des Strandes. Betrachtet man die Quotienten der Windgeschwindigkeiten an den Messstellen Brückenkopf in 6 m ü. Mittelwasser und Turm in 16,5 m ü.G. v_{BK}/v_{Turm}, so ergeben sich in Abhängigkeit von der Windrichtung die in Abb. 2.8 dargestellten Verhältnisse. Im Fall von auflandigem Wind ist die Windgeschwindigkeit beim Brückenkopf nur wenig geringer als auf dem Turm, da am Messort noch die maritimen Rauigkeitsverhältnisse herrschen.

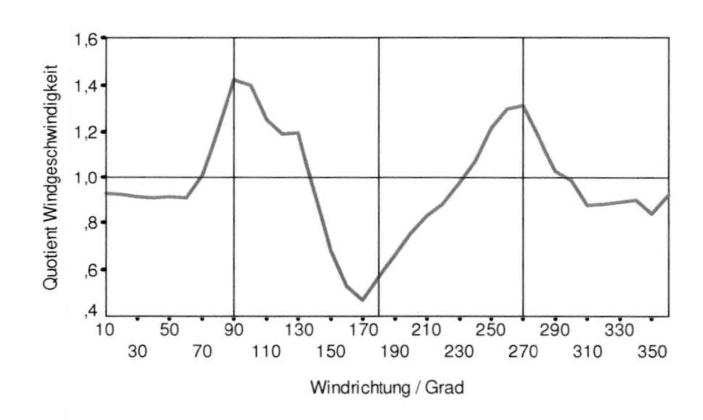

Abbildung 2.8: Abhängigkeit der mittleren Quotienten der Windgeschwindigkeiten von Zingst Brückenkopf/Turm (v_{BK}/v_{Turm}) von der Windrichtung (1976/90)

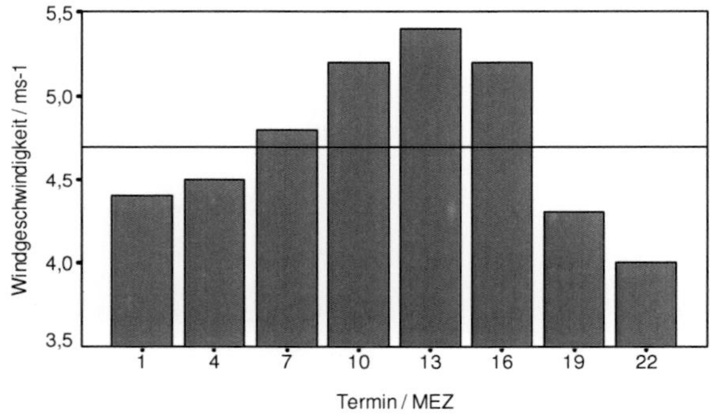

Abbildung 2.9: Mittlerer Tagesgang der Windgeschwindigkeit am Messpunkt Zingst Turm im Juni

Im ablandigem Fall, d.h. bei südlichen Windrichtungen beträgt die Windgeschwindigkeit am Brückenkopf im Minimum weniger als 50 % von der auf dem Turm, was als Ausdruck der Dominanz des landbürtigen Windprofils interpretiert werden kann (in der Messhöhe von 6 m befindet sich das Anemometer in dieser Uferentfernung noch im oberen Profilteil). Im Fall des uferparallelen Windes (westliche und östliche Richtungen) wird eine eindrucksvolle Anomalie beobachtet. Die Windgeschwindigkeit am Messpunkt Brückenkopf ist bis über 40 % höher als am Messpunkt Turm in der nahezu dreifachen Höhe. In diesen Fällen herrscht bis an die Uferlinie heran von See her das maritime, von Land her das landbürtige Windprofil. Diese Aussagen werden unterstrichen durch die mittleren monatlichen Differenzen zwischen den genannten Messstellen, die in Tab. 2.5 enthalten sind. Die Differenzen v_{Turm} - v_{BK} sind für küstenparallele Windrichtungen durchweg, auch im Jahresmittel negativ, für auflandige und besonders ablandige Windrichtungen dagegen positiv.

Im Strandbereich von Zingst zeigt die Windgeschwindigkeit einen mittleren Tagesgang, der dem von Landstationen entspricht. Für den Monat Juni ist dieser Gang für den Messpunkt Turm in Abb. 2.9 dargestellt. Das Maximum von 5,4 m s^{-1} wird in diesem Monat zum 13 Uhr-Termin, das Minimum mit 4,0 m s^{-1} um 22 Uhr erreicht.
Eine auffällige Besonderheit im Tagesgang der Windrichtung im Sommer zeigt die Abb. 2.10 am Beispiel des Monats Juni. Man sieht, dass die auflandigen und ablandigen Windrichtungen einen deutlichen und zwar inversen Tagesgang in der Häufigkeit ihres Vorkommens besitzen. Die auflandigen Richtungen sind bei dem Maximum um 13 Uhr zwischen 10 und 16 Uhr am häufigsten, während die ablandigen Richtungen ein Maximum am frühen Morgen (4 Uhr) und ein Minimum am Nachmittag aufweisen. Diese sich im Mittel ergebende Verteilung deutet in der warmen Jahreszeit auf die Tendenz hin, auch an der Zingster Küste eine Land-Seewind-Zirkulation (LSWZ) zu entwickeln (s. auch Abschnitt 2.5).

Tabelle 2.5: Mittlere monatliche und jährliche Windgeschwindigkeiten in m s^{-1} an den Messpunkten Zingst Turm (16 m ü. G.) und Brückenkopf (6 m ü. G.) sowie deren Differenzwerte Turm minus Brückenkopf (1976/90)

Windsektor	Messhöhe	Jan.	Feb.	Mär.	Apr.	Mai	Jun.	Jul.	Aug.	Sep.	Okt.	Nov.	Dez.	Jahr
Ost Uferparallel	6 m	3,9	5,7	6,0	5,4	5,1	4,8	5,4	5,5	5,1	4,9	7,7	6,3	5,5
	16 m	3,1	5,1	6,2	5,9	4,6	3,8	4,9	5,1	4,0	3,7	7,1	5,6	4,9
	Differenz	-0,8	-0,6	-0,2	-0,5	-0,5	-1,0	-0,5	-0,4	-1,1	-1,2	-0,6	-0,7	-0,6
West Uferparallel	6 m	7,0	6,0	6,9	5,7	5,5	5,3	6,0	4,5	6,2	5,0	5,9	7,0	5,9
	16 m	6,7	5,9	6,2	5,3	5,0	5,2	5,0	4,3	5,4	4,2	5,8	6,0	5,4
	Differenz	-0,3	-0,1	-0,7	-0,4	-0,5	-0,1	-1,0	-0,2	-0,8	-0,8	-0,1	-1,0	-0,5
Nord Auflandig	6 m	8,7	4,5	5,4	6,1	3,4	2,7	4,1	2,4	7,1	8,8	8,7	8,0	5,8
	16 m	10,0	7,0	5,8	6,3	3,8	4,3	4,3	2,6	7,2	9,7	8,9	8,5	6,5
	Differenz	1,3	2,5	0,4	0,2	0,4	1,6	0,2	0,2	0,1	0,9	0,2	0,5	0,7
Süd Ablandig	6 m	3,1	2,6	2,7	3,5	2,4	3,1	3,5	1,8	2,9	2,5	3,0	3,8	2,7
	16 m	4,0	3,7	3,7	5,2	2,5	3,5	3,9	3,9	4,5	3,6	4,5	5,2	4,0
	Differenz	0,9	1,1	1,0	1,7	0,1	0,4	0,4	2,1	1,6	1,1	1,5	1,4	1,3

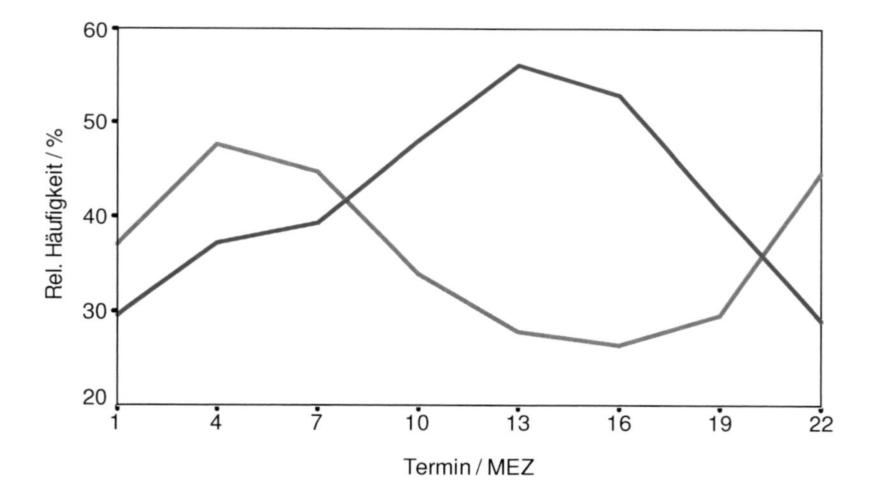

Abbildung 2.10: Mittlerer Tagesgang der Häufigkeit auflandiger (blau) und ablandiger Windrichtungen (rot) im Juni in Zingst (1976/90)

Diese mesoskale Zirkulation tritt an allen Küsten in Erscheinung und wird in der meteorologischen Lehrbuchliteratur beschrieben (bspw. HUPFER und KUTTLER 2005). Sie besitzt eine beträchtliche bioklimatische Bedeutung, auf die im nächsten Abschnitt in Zusammenhang mit der Lufttemperatur näher eingegangen wird. Für die deutsche Ostseeküste hat nur ZENKER (1967) eine ausführliche Studie dieser Zirkulationen für Heringsdorf auf Usedom vorgelegt, in der auch die bioklimatischen Effekte dargestellt werden. In Zingst beobachtete Fälle haben HUP-

FER und MITTAG (1989) untersucht. Nach der Auswertung von 71 Fällen (4 bis 11 pro Jahr) im Zeitraum von 1978 bis 1987 können folgende Verallgemeinerungen angegeben werden:
Die LSWZ ist meist an schwachgradientige Wetterlagen gebunden, die am untersuchten Küstenabschnitt mit ablandigen Windrichtungen einhergehen. Eigenbürtige Witterung mit geringer Bewölkung und hoher Globalstrahlung bilden eine wesentliche Voraussetzung. Im Allgemeinen handelt es sich um den Seewind der 2. Art nach KOSCHMIEDER (1936). Die Seewindfront bildet sich nicht an der Uferlinie, sondern über dem Meer. Da das Meer infolge des ablandigen Windes in Ufernähe an solchen Tagen ruhig ist, kann man das Nahen der Seewindfront durch die herannahende Kräuselung der Oberfläche infolge des entstehenden leichten Seegangs gut verfolgen.
Die Land-Seewind-Zirkulation ist im Untersuchungsgebiet ausschließlich tagsüber gut entwickelt. Der Seewind setzt in der Regel zwischen 8 und 11 Uhr MEZ ein, es sind aber auch Fälle beobachtet worden, bei denen der Einsatz erst 16 Uhr erfolgte. Charakteristisch ist eine Winddrehung von ablandig (im Mittel 240°) auf auflandig (im Mittel 40°). Der Drehsinn ist dabei unterschiedlich. Mit der Winddrehung nimmt der Wind in der ufernahen Zone von im Mittel 1-3 m s^{-1} auf etwa 6 m s^{-1} zu. Die Winddrehung ist umso größer, je geringer die ursprüngliche Windgeschwindigkeit ist. Das Hereinbrechen der Seewindfront kann das Strandklima drastisch verändern (s. Abschnitt 2.5). Die Front bewegt sich mit einer mittleren Geschwindigkeit von 50 bis 100 m min^{-1} landeinwärts, wobei es jedoch viele Spielarten gibt.
Insgesamt besitzt die Erscheinung eine hohe Variabilität, auch in der synoptischen Wirksamkeit. Für das Hinterland von Zingst wurde als maximale Eindringtiefe 20-30 km bestimmt. Die LSWZ weist eine definierte Rückgangsphase auf, nach deren Beendigung die normalen Tagesgänge der das Strandklima bestimmenden Größen wieder zur Geltung kommen.
Insgesamt kann festgestellt werden, dass neben den Wärmehaushaltsverhältnissen die variablen Windverhältnisse in allen Jahreszeiten entscheidend für die Herausbildung des Strandklimas sind.

2.4 Wassertemperatur

Die thermischen Verhältnisse in der flachen ufernahen Zone des Meeres müssen gerade in bioklimatischer Hinsicht als Bestandteil des Strandklimas gesehen werden. Bei der Bewertung der Erholungs- und Heilfunktion des Strandes ist die ufernahe Wasserzone mit einzubeziehen.
Bis zu einigen hundert Meter Uferentfernung kann dieser Bereich mit langsam abfallendem Meeresboden als Zone des extremen Temperaturverhaltens bezeichnet werden. Das ergibt sich aus den Wärmehaushaltsbedingungen, die dazu führen, dass in der warmen Jahreszeit eine auffällige Erwärmung, in der kalten dagegen eine deutliche Abkühlung gegenüber den weiter seewärts gelegenen Gebieten zu beobachten ist.
In Abb. 2.11 sind mittlere ufernormale Profile der Oberflächenwassertemperatur für die Monate Juni und November bis zu einer Uferentfernung von 600 m dargestellt. Man erkennt die starke Erwärmung in unmittelbarer Ufernähe im Sommer (etwa 3 K), die seewärts rasch abnimmt. Schon ab ca. 150 m Uferentfernung erfolgen nur noch äußerst geringe Veränderungen dieser Größe. In der kalten Jahreszeit ist es bei wesentlich geringeren Temperaturunterschieden (< 1 K) gerade umgekehrt. Der ufernächste Bereich kühlt am stärksten aus, die Wassertemperatur nimmt mit wachsender Uferentfernung erst relativ rasch und ab ca. 100 m Uferentfernung langsam zu. Diese Grundstrukturen sind im Sommer mit einem Wärmetransport in Richtung Meer und im Winter in Richtung Ufer verbunden (s. Abschnitt 2.2, vgl. Abb. 2.4).
Im Einzelfall können diese Grundstrukturen beträchtlichen Variationen unterliegen. Als Beispiel für die Entwicklung der thermischen Verhältnisse an einem sommerlichen Strahlungstag sind in Abb. 2.12 Isoplethen der Oberflächenwassertemperatur dargestellt. Man erkennt, dass

die Zone des extremen Temperaturverhaltens und damit auch ausgeprägter Tagesgänge dieser Größe in diesem Beispiel bis etwa 300 m Uferentfernung reicht. Nachts und morgens ist dieser Bereich nur durch geringe Temperaturdifferenzen gekennzeichnet, allerdings mit Ausnahme der ersten ca. 30 m, die eine deutliche Abkühlung zeigen. Das Temperaturminimum wird hier gegen 5 Uhr MEZ, im übrigen Bereich gegen 6 Uhr erreicht. Zwischen 9 und 10 Uhr setzt eine kräftige Erwärmung ein, die sich rasch bis etwa 250 m Uferentfernung ausbreitet. Das Tagesmaximum der Wassertemperatur wird in Ufernähe nach 16 Uhr, unmittelbar weiter seewärts erst gegen 17 Uhr erreicht. Die Schwankungsbreite dieser Größe beträgt in diesem Beispiel in unmittelbarer Nähe der Uferlinie mehr als 6 K. Erwähnenswert ist, dass die Erwärmung der ufernahen Zone in der folgenden Nacht erhalten bleibt.

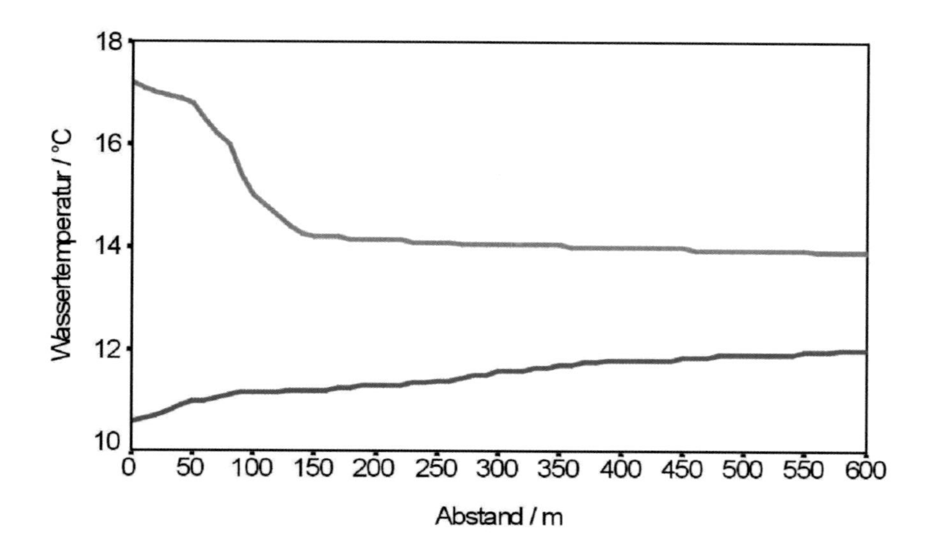

Abbildung 2.11: Aus engabständigen Messungen bestimmter mittlerer ufernormaler Oberflächenwassertemperaturverlauf im Juni (rot) und im November (blau) für Zingst

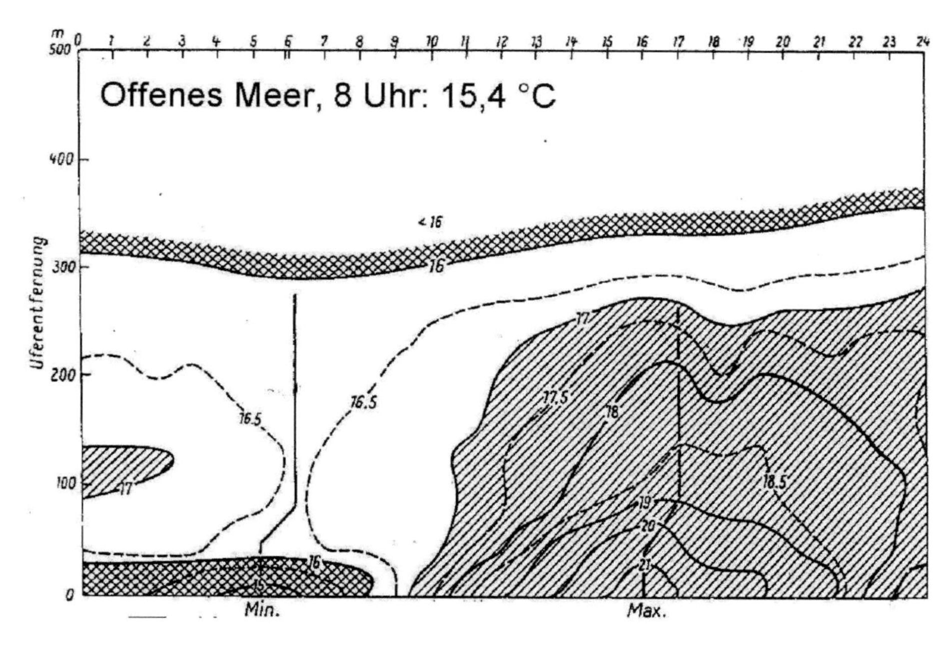

Abbildung 2.12: Isoplethen der Oberflächentemperatur in der ufernahen Zone bei Zingst an einem sommerlichen Strahlungstag (26.06.1964). Stundenangaben in MEZ

Die Wassertemperatur unterliegt, wie gesehen wurde, nicht nur räumlichen, sondern auch zeitlichen Änderungen. Diese umfassen einen weiten Skalenbereich. So zeigt der Jahresgang dieser Größe in Ufernähe gegenüber der offenen See einen deutlich „kontinentaleren" Charakter in dem Sinn, dass die Erwärmung im Sommer und die Abkühlung im Winter größer sind als für das offene Meer. Beispiele für den sommerlichen Tagesgang der Wassertemperatur enthält die Abb. 2.13.
Aus den dargestellten Beispielen geht hervor, dass die Tagesgänge der Wassertemperatur in der warmen Jahreszeit eine beträchtliche Differenz zwischen Maximum und Minimum aufweisen, die im ufernächsten Bereich im Mittel etwa 2 K beträgt. Im äußersten hier erfassten Messpunkt (233 m) liegt die Schwankungsbreite unter 1 K, ein Wert, der zum offenen Meer hin nur noch wenig abnimmt. In der kalten Jahreszeit ist der Tagesgang sowohl an der Küste als auch im offenen Meer sehr gering und beträgt nur noch wenige Zehntel K. Im Mittel wird das Tagesmaximum in geringer Uferentfernung (im Beispiel 52 m) erst um 17 Uhr MEZ erreicht (s. Abb. 2.12 und 2.13), da die Wassertemperatur so lange ansteigt, wie die kurzwellig Einstrahlung größer ist als die Summe aus langwelliger Ausstrahlung und dem latenten und dem fühlbaren Wärmestrom ist. Das Minimum wird dagegen um 6 Uhr festgestellt. Mit zunehmender Uferentfernung verschieben sich die Eintrittszeiten der Extreme. Im Fall des Minimums ist diese gering und nicht so deutlich ausgeprägt, während sich das Erscheinen des Maximums in der Zone des extremen Temperaturverhaltens im Mittel mit der Zunahme der Uferentfernung bis zu einer Stunde verzögert.

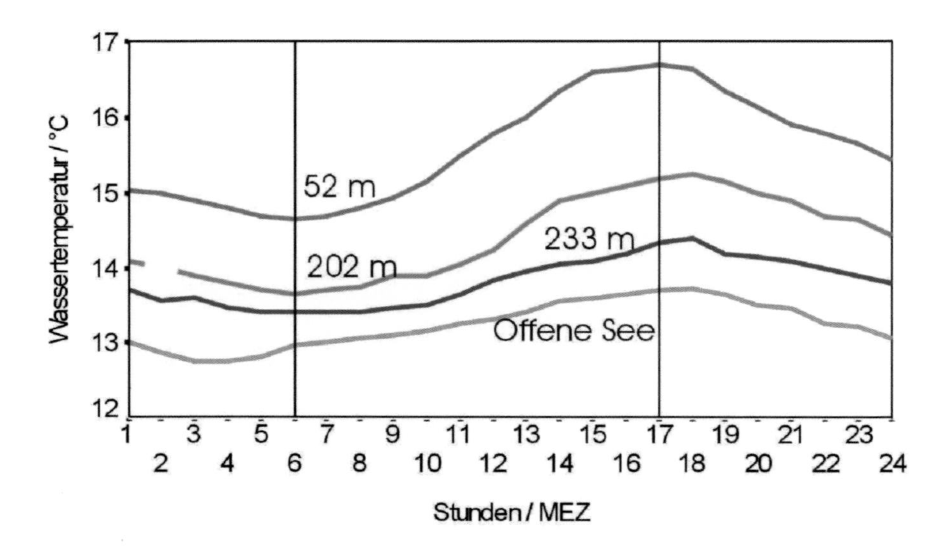

Abbildung 2.13: Mittlere Tagesgänge der Oberflächentemperatur der Ostsee bei Zingst in verschiedenen Uferentfernungen im Juni (rot: 52 m, grün: 202 m, blau: 233 m, pink: offene See)

Die Badezone zeichnet sich also nachmittags durch besonders günstige Temperaturverhältnisse aus, vorausgesetzt, es herrscht leicht auflandiger Wind bei hinreichend hoher Globalstrahlung.
Auch im Periodenbereich von Stunden, Minuten oder Sekunden ist die Veränderlichkeit des durch einen großen ufernormalen Gradienten ausgezeichneten Wassertemperaturfeldes hoch. Ursache dafür ist der nach Richtung und Geschwindigkeit variierende Windeinfluss und damit zusammenhängende dynamische Prozesse im Wasser unter Berücksichtigung des ufernormalen Grundmusters der Wassertemperatur. Auf Veränderungen der Windgeschwindigkeit und vor allem der Windrichtung reagiert das Wassertemperaturfeld äußerst rasch. Dabei können unter der Voraussetzung genügend hoher Globalstrahlung mehrere Fälle unterschieden werden, die in Tab. 2.6 schematisch aufgeführt sind. Näheres und Beispiele enthalten die Arbeiten von HUPFER (1974, 1984) sowie HUPFER und RAABE (1994).

Tabelle 2.6: Wassertemperatur- und Lufttemperatureffekte in der ufernahen Zone der Ostsee in der warmen Jahreszeit

Globalstrahlung	Windgeschwindigkeit			
	bis 10 m s^{-1}		über 10 m s^{-1}	
	Auflandig	Ablandig	Auflandig	Ablandig
Hoch	Wassertemperatur			
	Warm, da Wärmeabfluss seewärts gehemmt	Relativ kühl, da Wärmeabfluss beschleunigt	Starker Seegang, Durchmischung	Tendenz zum Auftrieb von kühlem Tiefenwasser
	Starke ufernormale Gradienten	Gradient herabsetzt, Ausbildung einer Querzirkulation mit Zustrom kühleren Wassers am Boden	Schwächer werdende ufernormale Gradienten	Geringe ufernormale Unterschiede
	Ausgeprägte Tagesgänge	Tagesgang gering ausgeprägt	In Ufernähe warm	In Ufernähe kühl
	Lufttemperatur			
	Relativ niedrig wegen Advektion maritimer Luft	Hoch, da Advektion landbürtiger Luft	Relativ niedrig	Hoch
Niedrig	Alle Effekte abgeschwächt		Geringe Differenzierung in der ufernahen Zone	

In mannigfaltiger Art wird das ufernormale Wassertemperaturfeld durch dynamische Prozesse im küstennahen Meer beeinflusst. Diese werden dann auf den Wassertemperaturregistrierungen sichtbar, wenn die bewegten Wassermassen unterschiedliche Temperaturen haben. Am auffälligsten und für das Bioklima des Strandes bedeutend sind die im Sommer auftretenden Fälle des Auftriebs von kühlem Tiefenwasser (vgl. Abschnitt 3.4). Dazu kommt es, wenn sich infolge von küstenparallelen oder ablandigen Winden eine ufernormale Zirkulation einstellt, durch die oberflächennahes Wasser in Richtung Meer versetzt wird und kompensierend dazu deutlich kühleres Tiefenwasser zur Küste vordringt und in der Nähe des Ufers zum Aufsteigen kommt. Dieses emporquellende Wasser besitzt entsprechend der allgemeinen thermohalinen Schichtung in der Regel einen höheren Salzgehalt. Auftriebserscheinungen können in allen Abstufungen beobachtet werden (s. TINZ und HUPFER 2005b). Es sei erwähnt, dass dieses Zirkulationsphänomen auch in der kalten Jahreszeit vorkommt, wobei es sich dann um den Auftrieb von Tiefenwasser handelt, das etwas wärmer als das Oberflächenwasser an der Küste ist.
In Abb. 2.14 ist ein starker sommerlicher Auftriebsfall dargestellt, zu dem es unter dem Einfluss ablandigen, Warmluft advehierenden Windes kam. Am seewärtigen Messpunkt sank die Lufttemperatur innerhalb von wenig mehr als 2 Stunden um etwa 9 K. Das kalte Wasser dominierte auch am Folgetag das Temperaturfeld in der ufernahen Zone. Gleichzeitig herrschten Lufttemperaturen von etwa 30 °C, so dass eine extrem hohe Differenz zwischen Luft- und Wassertemperatur herrschte. Aus der Abb. 2.14 ist ersichtlich, dass der Vorgang in unmittelbarer Ufernähe infolge von Vermischung etwas abgeschwächter und langsamer abgelaufen ist.
Einen weiteren, nicht so intensiven sommerlichen Auftriebsfall zeigt die Abb. 2.15 mit zwei ufernormalen Schnitten, die im Abstand von 2 Stunden aufgenommen wurden. Am Verlauf der Isothermen erkennt man, wie das kühlere Wasser am Boden vordringt (11 Uhr), das Riff überwindet und der Auftrieb im ufernächsten Bereich beginnt. Zwei Stunden später (13 Uhr) beherrscht der Auftrieb bis auf einen Warmwasserrest direkt an der Uferlinie das Bild, und man erkennt, wie das warme Oberflächenwasser nach See zu verdrängt wird.

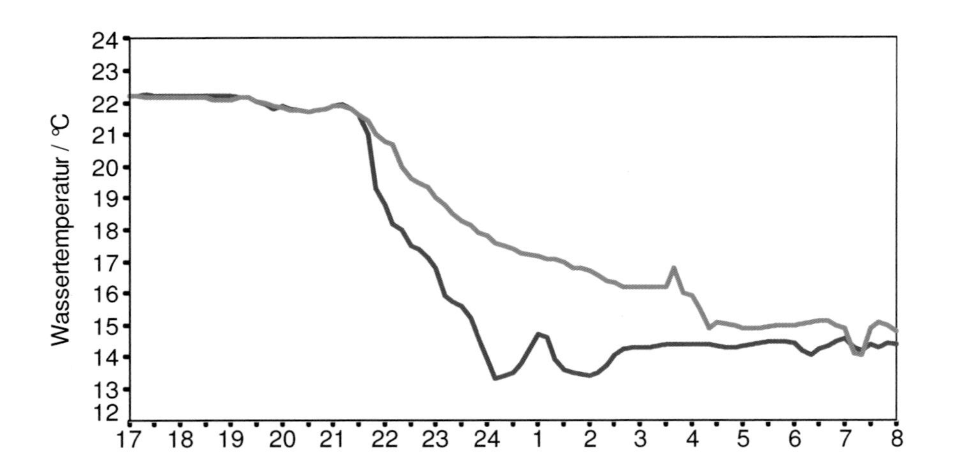

Abbildung 2.14: Beispiele für den Oberflächenwassertemperaturverlauf bei Zingst in den Uferentfernungen 25 m (grün) und 458 m (blau) im Fall eines starken Auftriebs von kaltem Tiefenwasser im Sommer (03./04.08.1963). Abszisse: Stunden in MEZ

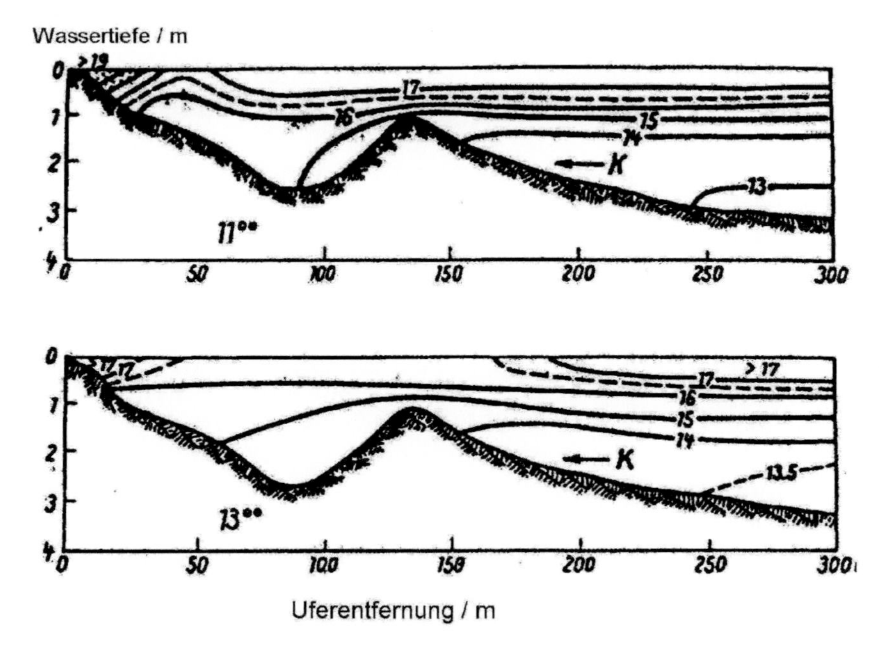

Abbildung 2.15: Vertikalschnitt der Wassertemperatur bei Zingst mit zum Ufer vordringendem kälteren Tiefenwasser am 22.07.1964 11 MEZ (oben) und 13 MEZ (unten)

Die an Beispielen dargestellten Züge des Wassertemperaturfeldes belegen die Auffassung, dass gerade unter bioklimatologischen Aspekten das eigentliche Strandklima und die thermischen Verhältnisse der ufernahen Wasserzone eine Einheit bilden. Das gilt vor allem für die warme Jahreszeit. Zusammen mit den gegebenen morphologischen Eigenschaften des Meeresbodens bestimmen Wärmehaushalt und die variablen Windverhältnisse die abwechslungsreiche Verteilung der Wassertemperatur.

2.5 Lufttemperatur

In der warmen Jahreszeit hängt die thermische Komponente des Strandklimas im Fall eigenbürtiger Witterung vor allem davon ab, ob der Wind auflandig (bis uferparallel) oder ablandig weht. Im zuletzt genannten Fall ist die Lufttemperatur hoch und nur wenig von der des Hinter-

landes verschieden. Bei auflandigem Wind dagegen vollzieht sich innerhalb der sich über Strand und anschießendem Land ausbildenden internen Grenzschicht der Lufttemperatur eine fortschreitende Transformation der anströmenden kühlen maritimen Luft. In diesem Fall bestehen größere ufernormale Differenzen der Lufttemperatur am Strand.
Dieser Typ prägt sich auch den monatlichen Mittelwerten auf. In der Abb. 2.16 erkennt man den mittleren thermischen Übergang zwischen Meer und Land nach engabständigen Messungen im Juni. Zur Zeit des Temperaturmaximums steigt die Lufttemperatur unmittelbar landwärts der Uferlinie sehr stark, danach nur noch langsam an (s.a. LETTAU und LETTAU 1940). Der Hauptunterschied zwischen Meer- und Landverhältnissen vollzieht sich also in der Bodenschicht unmittelbar am Strand. Zur Zeit des Temperaturminimums ist das Bild ähnlich, allerdings sind die Temperaturunterschiede dann viel geringer.
In der Abb. 2.17 sind die entsprechenden Übergänge im Dezember dargestellt. Bei unterschiedlichem Temperaturniveau sind die beiden Verläufe gleichartig. In dieser Jahreszeit herrschen über See die höchsten Lufttemperaturen. Interessant ist, dass am Strand das Temperaturminimum liegt und landeinwärts die Temperatur wieder leicht ansteigt. Die Ursache könnte der Wärmeverbrauch durch Verdunstung des Meerwassers sein, das in dieser Jahreszeit den Strandsand häufig durchfeuchtet.

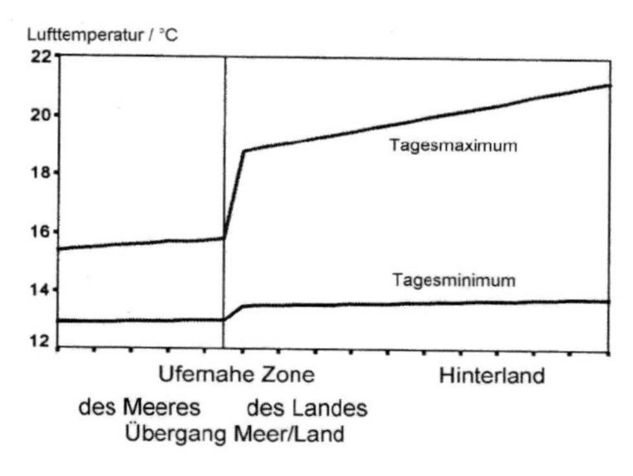

Abbildung 2.16: Aus im ufernahen Bereich engabständigen Messungen in der Bodenschicht bestimmtes ufernormales Profil der Lufttemperatur in der Bodenschicht in Zingst im Juni zur Zeit des Maximums und des Minimums

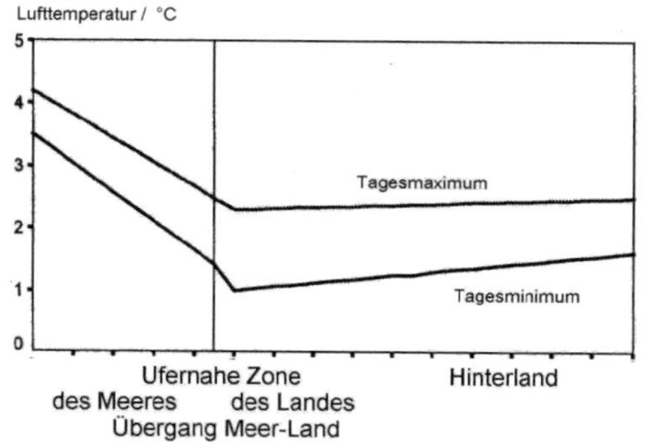

Abbildung 2.17: wie Abb. 2.16 für Dezember

Bemerkenswert und bioklimatisch von Bedeutung ist das gegenläufige Verhalten von Lufttemperatur im ufernahen Bereich und der Wassertemperatur in der ufernahen Zone in Abhängigkeit von den Windverhältnissen. In Abb. 2.18 sind mittlere Tagesgänge der Größen an Strahlungstagen dargestellt. Man erkennt den typisch maritimen Tagesgang der Lufttemperatur am Strand (Niveau niedrig, geringe Schwankungsbreite). Im Vergleich dazu weist die ufernahe Zone ausgeprägte Tagesgänge und relativ hohe Werte der Wassertemperatur auf. Es treten beträchtliche Gradienten dieser Größe in Erscheinung. Ganz anders sieht die Situation an Strahlungstagen bei ablandigem Wind aus (Abb. 2.19).
Die Lufttemperatur zeigt einen kontinental anmutenden Verlauf mit hoher Schwankungsbreite und einem relativ hohen Niveau zur Zeit des Maximums. Die Wassertemperatur ist wegen der durch den ablandigen Wind angetriebenen ufernormalen Zirkulation verhältnismäßig niedrig und zeigt mit zunehmender Uferentfernung nur geringe Unterschiede. Ein häufiger rascher Wechsel zwischen diesen Zuständen macht in Bezug auf den Erholung suchenden Menschen mit den Reizcharakter des Strandklimas aus.

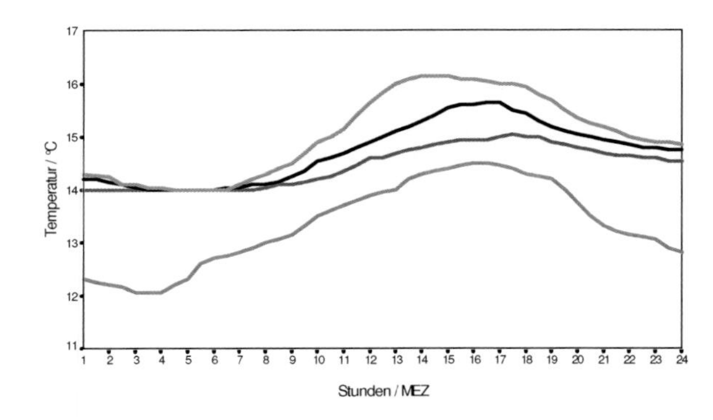

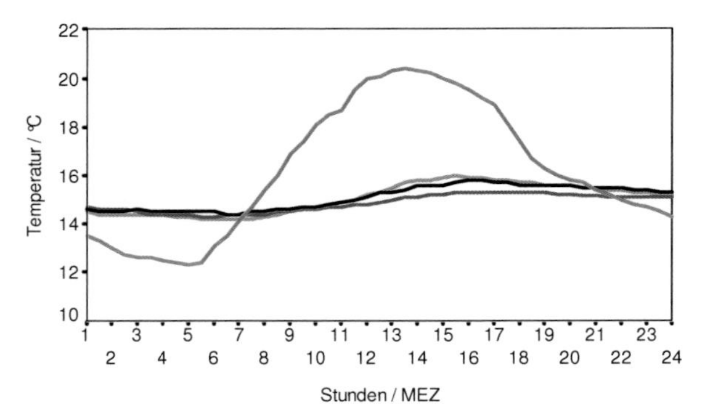

Abbildung 2.18: Aus Messungen an 12 Strahlungstagen bestimmte mittlere Tagesgänge der Lufttemperatur am Strand (rot) und der Wassertemperatur in 42 m (grün), 101 m (braun) und 233 m Uferentfernung (blau) bei auflandigem Wind

Abbildung 2.19: wie Abbildung 2.18, aber ablandiger Wind (17.05.1963)

Wie bereits zuvor ausgeführt worden ist, kann es an der Küste des Untersuchungsgebietes zur Ausbildung der Land-Seewind-Zirkulation kommen. Damit können mehrfach täglich starke Veränderungen des thermischen Milieus einhergehen. Ein charakteristisches Beispiel zeigt Abb. 2.20. An einem Tag mit ablandiger Grundströmung kam es gegen 13 Uhr zur Passage der Seewindfront an der Uferlinie. Am Strand erfolgte ein sprungartiger Temperaturrückgang um fast 8 K. Unter Schwankungen blieb das maritime Temperaturniveau bis etwa 17.30 Uhr MEZ erhalten. Mit dem Erlöschen des Seewindes erfolgte ein rascher Wiederanstieg der Lufttemperatur, die dann entsprechend des normalen Tagesganges langsam wieder abnahm. Auffällig und die obigen Aussagen stützend ist, dass die ufernahe Wassertemperatur nach Einsetzen des Seewindes wegen der damit verbundenen Hemmung des Wärmeabflusses aus der flachen ufernahen Zone seewärts deutlich zugenommen hat, sich also gegenläufig zur Lufttemperatur verhält. An dem Messpunkt Observatorium kommt es kurze Zeit nach Passieren der Seewindfront über die Uferlinie gleichfalls zu einem schnellen, aber nicht so stark ausgeprägten Abfall der Lufttemperatur, der sich unter Schwankungen über den gesamten Zeitraum des Ereignisses fortsetzt. Der Rückzug der Seewindfront stellte sich zuerst beim Observatorium und danach am Brückenkopf ein. Das Klima des ufernahen Bereiches unterliegt in Zusammenhang mit dem Auftreten der Land- und Seewindzirkulation einer starken Veränderlichkeit, da das Zirkulationsphänomen in vielen Ausprägungen vorkommen kann.
So zeigt Abb. 2.21 Lufttemperaturregistrierungen an den Messpunkten Brückenkopf und Observatorium an einem Tag mit Land-Seewind-Zirkulation, die jedoch so schwach und flach ausgebildet war, dass sie den nur etwa 200 m von der Uferlinie entfernten Messpunkt Observatorium so gut wie nicht erreichte. Die Windrichtung am Messpunkt Turm blieb an diesem Tag durchgängig ablandig. Man sieht an den Kurven, dass an dem Beispieltag die Lufttemperatur beim Brückenkopf gegen 11 Uhr rasch um etwa 6 K abnahm. Dort blieb die Temperatur bis etwa 15.30 Uhr auf dem Niveau von ca. 15 °C, danach stieg sie verhältnismäßig rasch wieder an und ging in den normalen, für ablandigen Wind typischen Tagesgang über. Am Messpunkt Observatorium indes herrschte in erster Näherung der normale Tagesgang, der allerdings durch einige kleinere Einbrüche kühlerer Luft gestört wurde (NITZSCHKE 1970). Die Störungen waren jedoch gering, so dass an diesem Tag nahezu 5 Stunden auf der Distanz von ca. 200 m Temperaturunterschiede von 6 bis 9 K herrschten. In der freien Natur dürfte es nur selten klimatische Unterschiede über so geringe Distanzen und so lange Andauer geben.

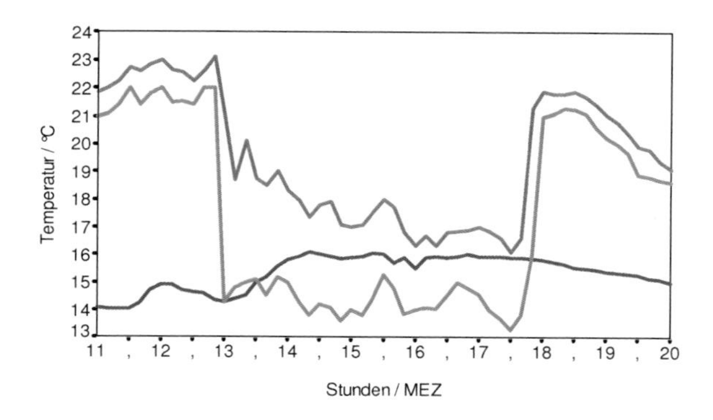

Abbildung 2.20: Temperaturverläufe an einem Tag mit Land-Seewind-Zirkulation in Zingst (23.05.1979). Rot = Lufttemperatur am Messpunkt Observatorium, Grün = Lufttemperatur am Messpunkt Brückenkopf und Blau = Wassertemperatur am Messpunkt Brückenkopf

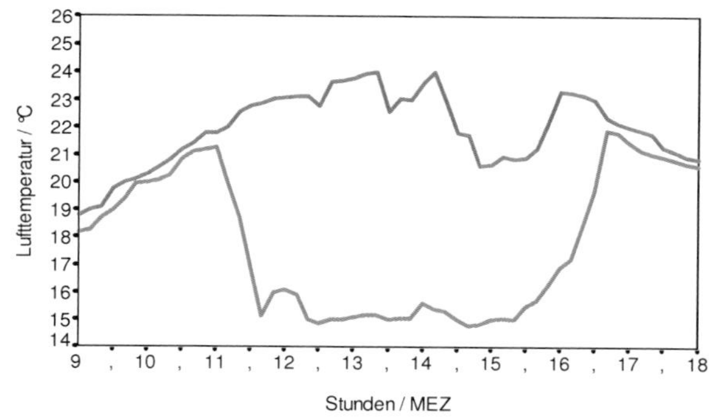

Abbildung 2.21: Lufttemperaturverlauf an den Messpunkten Observatorium (rot) und Brückenkopf (grün) einem Tag mit flachem und schwach entwickeltem Seewind in Zingst

Das relativ häufig vorkommende Hin- und Herpendeln der Seewindfront führt zu einer hohen Variabilität des Strandklimas im Laufe eines Tages, wobei Temperaturdifferenzen zwischen Strand und unmittelbarem Hinterland von über 10 K auftreten können. In bioklimatischer Hinsicht stellt das Strandklima an solchen Tagen ein ausgesprochenes Reizklima dar (vgl. Abschnitt 4.2).
Wie aus den vorgestellten Beispielen hervorgeht, ist die Lufttemperaturdifferenz in Bodennähe zwischen Strand und unmittelbarem Hinterland von ausschlaggebender Bedeutung für die Ausprägung des Strandklimas. Für Zingst liegen Dauermessungen für die Messpunkte Brückenkopf und Observatorium vor. Die Auswertung für die mittleren Lufttemperaturdifferenzen in Abschnitten des Jahres zeigt die Tab. 2.7. Der grundlegende Effekt besteht darin, dass die Temperatur am Messpunkt Observatorium im Jahresmittel höher ist als im Bereich der ufernächsten Wasserzone. Die Differenz ist zwischen Mai und August am höchsten und in der kalten Jahreszeit nur noch wenig vom Wert Null verschieden. Es besteht in allen ausgewerteten Monaten ein deutlicher Tagesgang. Während nachts im Mittel negative Differenzen auftreten, können tagsüber die Werte bis zu 3 K (Mai/Juni, 10 Uhr) ansteigen. Die zum 19 Uhr-Termin bestimmten Werte können als Übergang zwischen Tag- und Nachtverhältnissen interpretiert werden.

Tabelle 2.7: Mittlere Differenzen der Lufttemperatur in K an den Zingster Messpunkten Observatorium und Brückenkopf zu verschiedenen Terminen (Angaben in MEZ, Zeitraum 1976-1987)

Jahreszeit \ Termin	01	04	07	10	13	16	19	22	Mittel
Winter (Jan./Feb.)	0,0	-0,1	-0,2	0,2	0,7	0,4	0,1	0,0	0,1
Frühjahr (Mär./Apr.)	-0,1	-0,2	0,2	1,5	1,8	1,1	0,0	-0,2	0,5
Sommer (Mai/Jun.)	-0,6	-0,7	1,5	2,6	2,4	2,1	0,5	-0,3	0,9
Hochsommer (Jul./Aug.)	-0,4	-0,6	0,8	2,1	2,4	1,8	0,3	-0,5	0,7
Herbst (Sep./Okt.)	-0,5	-0,6	0,3	1,3	1,3	0,6	-0,6	-0,6	0,2
Spätherbst (Nov./Dez.)	Zu wenige Fälle								-
Mittel	-0,3	-0,4	0,5	1,5	1,7	1,2	0,1	-0,3	0,5

In den üblichen Wettervorhersagen werden unter dem Begriff „an der Küste“ Temperaturwerte prognostiziert, die die Besonderheiten des Strandklimas nicht erfassen können, sondern in generalisierter Weise das küstennahe Landgebiet betreffen. Es kann aber für bioklimatische oder thalassotherapeutische Zwecke von Vorteil sein, den jeweiligen Grundzustand des Strandklimas aus den öffentlichen Wetterberichten abzuschätzen. MANNEL (1989) geht davon aus, dass die Lufttemperatur am Zingster Messpunkt Observatorium etwa der entspricht, die unter dem

Begriff „an der Küste“ in den Wetterberichten vorhergesagt wird. Er realisierte die Zielstellung, die Differenz dieses Messpunktes zum Messpunkt Brückenkopf auf der Grundlage von Regressionsgleichungen statistisch zu bestimmen. Dabei werden weitere Parameter, die regelmäßig prognostiziert werden, als Prädiktoren herangezogen.
Um eine hohe Genauigkeit der Regressionsgleichungen und eine einfache Anwendung in der Praxis zu gewährleisten, müssen die Prädiktoren zwei Bedingungen erfüllen (MANNEL 1989):

- der Einfluss der Prädiktoren auf die Ausbildung der Temperaturdifferenzen sollte möglichst groß sein und
- die verwendeten Prädiktoren müssen routinemäßig vorhergesagt werden können oder aus den vorhergesagten Parametern leicht berechenbar sein.

Dies berücksichtigend, wurden die Größen Lufttemperatur über Land (Observatorium) T_{OBS}, die Wassertemperatur in der ufernahen Zone (Brückenkopf) SST_{BK}, die Differenz zwischen Lufttemperatur über Land und der Wassertemperatur T_{OBS} - SST_{BK} sowie Windrichtung und Windgeschwindigkeit (Messpunkt Turm) verwendet. Anstelle von Werten der Windrichtung und -geschwindigkeit wurde ein „Windgewicht“ WG eingeführt. Die Untersuchung ergab drei Möglichkeiten, um die Beziehungen zwischen den Beträgen der Temperaturdifferenz bei unterschiedlicher Windrichtung zu bestimmen, wobei die Indizes L - ablandige, K - küstenparallele und S - auflandige Windrichtungen bedeuten. Es ergeben sich drei Typen:

Typ 1	Typ 2	Typ 3
$\lvert\Delta T_L\rvert < \lvert\Delta T_K\rvert < \lvert\Delta T_S\rvert$	$\lvert\Delta T_L\rvert < \lvert\Delta T_S\rvert < \lvert\Delta T_K\rvert$	$\lvert\Delta T_K\rvert < \lvert\Delta T_L\rvert < \lvert\Delta T_S\rvert$

Welcher Typ jeweils gültig ist, hängt von Jahres- und Tageszeit sowie von der Windgeschwindigkeit ab (Tab. 2.8)

Tabelle 2.8: Gültigkeit der drei Typen horizontaler Lufttemperaturunterschiede im ufernahen Bereich von Zingst in Abhängigkeit von Windgeschwindigkeit sowie von Tages- und Jahreszeit

Windgeschwindigkeit	Frühjahr (M/A)	Frühsommer (M/J)	Hochsommer (J/A)	Herbst (S/O)	Winter (J/F)
Tag					
$\leq 5\ m\ s^{-1}$	1	1	1	1	2
$> 5\ m\ s^{-1}$	2	2	1	2	2
Nacht					
$\leq 5\ m\ s^{-1}$	3	1	1	1	3
$> 5\ m\ s^{-1}$	1	1	3	1	1

Um den Einfluss des Windes quantitativ zu bestimmen, wurden sieben Windrichtungssektoren gebildet und jedem Teil ein Zahlenwert zugeordnet, der zu den anderen Werten in demselben Verhältnis steht wie der Betrag der Temperaturdifferenz (Prädiktand) bei der entsprechenden Windrichtung (Tab. 2.9).

Tabelle 2.9: Windgewichte in Abhängigkeit von Windsektoren und den Typen der horizontalen Lufttemperaturunterschiede im ufernahen Bereich

Windrichtung	Typ 1	Typ 2	Typ 3
N	7	4	7
NNW / NNE	6	5	6
WNW / ENE	5	6	3
W / E	4	7	1
WSW / ESE	3	3	2
SSW / SSE	2	2	4
S	1	1	5

Nach den Schemata in den Tab. 2.8 und 2.9 kann jedem Wert der Windrichtung und -geschwindigkeit in jeder Untergruppe genau eine Zahl als Windgewicht zugeordnet werden. In Tab. 2.10 sind die Werte der Pearson-Korrelationskoeffizienten der Temperaturdifferenz (Prädiktand) mit den herangezogenen Parametern verzeichnet. Alle mitgeteilten Korrelationskoeffizienten sind mindestens mit einer Irrtumswahrscheinlichkeit $I \leq 51$ % von Null verschieden.

Tabelle 2.10: Korrelationskoeffizienten der Temperaturdifferenz Observatorium OBS minus Brückenkopf BK (Prädiktand) und den anderen Größen (Prädiktoren) für den Früh- und Hochsommer

Kurzbezeichnung der Kategorie	Jahreszeit	Tag/ Nacht	Termin	Generelle Windrichtung			T_{OBS}	SST_{BK}	T_{OBS} - SST_{BK}	Windgewicht WG
				Auflandig	Ablandig	Küstenparallel				
FST10	Frühsommer (M/J)	T	10					0,16	0,14	0,35
FST13			13					0,16	0,37	0,52
FST16			16					0,24		0,28
FST07,19			07/19				0,42		0,39	0,27
FSNL.K		N			X	X	0,34		0,37	
FSNS				X			0,42		0,50	
HSTL	Hochsommer (J/A)	T			X		0,60		0,53	
HSTS				X			0,58		0,64	
HSTK						X	0,52		0,51	
HSNL		N			X		0,37		0,34	
HSNS				X			0,51		0,63	
HSNK						K	0,54		0,61	

Die Korrelationskoeffizienten weisen darauf hin, dass die Einflussgrößen sich je nach Früh- bzw. Hochsommer unterscheiden. Während im Mai und Juni die Wassertemperatur eine große, die Lufttemperatur über Land dagegen eine geringe Rolle spielt, kommt dieser Größe im Hochsommer eine entscheidende Rolle zu. Dagegen tauchen die Windgewichte gar nicht mehr unter den signifikanten Koeffizienten auf. In der gesamten warmen Jahreszeit übt die Differenzgröße T_{OBS}-SST_{BK} einen großen Einfluss aus, weil sich Wasser- und Lufttemperatur über der ufernahen Zone bzw. dem Strand oft nur wenig unterscheiden. Die Regressionsgleichung zur Abschätzung der Lufttemperaturdifferenz Hinterland-Strand hat die Form:

$$\Delta T = a_0 + a_1 T_{OBS} + a_2 SST_{BK} + a_3(T_{OBS}-SST_{BK}) + a_4 WG .$$

Die Werte der Regressionskoeffizienten und der Regressionskonstante enthält die Tab. 2.11.

Tabelle 2.11: Regressionskonstante a_0 und -koeffizienten a_{1-4} sowie n = Zahl der Fälle, r_P = Pearson-Korrelationskoeffizient zwischen gemessener und berechneter Temperaturdifferenz und s = Standardabweichung der Differenz zwischen gemessenen und berechneten Werten. Für die Erklärung der Kurzbezeichnung s. Tab. 2.10

Kurzbez. der Kat.	a_0	a_1	a_2	a_3	a_4	n	r_P	s
FST10	0,79		0,013	0,030	0,238	191	0,39	0,71
FST13	0,87		0,008	0,016	0,302	179	0,56	0,68
FST16	-0,44	0,050	0,017		0,269	205	0,49	0,69
FST07,19	-0,40	0,027		0,074	0,309	418	0,43	0,58
FSNL.K	-0,61	0,032		0,181		532	0,55	0,81
FSNS	-0,48	0,021		0,084		70	0,40	0,86
HSTL	-0,54	0,072		0,035		78	0,54	0,66
HSTS	-1,44	0,181		0,083		189	0,52	0,61
HSTK	-0,60	0,114		0,056		362	0,40	0,69
HSNL	-0,90	0,028		0,059		116	0,34	0,48
HSNS	-3,10	0,144		0,120		78	0,66	0,85
HSNK	-0,83	0,047		0,020		338	0,52	0,81

Beispiel: Im Juli kann tagsüber bei Seewind mit

T_{OBS} = 18,4 °C und T_{OBS} - SST_{BK} = 0,4 K

nach der Formel $\Delta T = - 1{,}44 + 0{,}181\, T_{OBS} + 0{,}083(T_{OBS} - SST_{BK})$

die Lufttemperaturdifferenz zu ΔT = 2,1 K berechnet werden.

Es kann angenommen werden, dass die Beziehungen auch für Küstenabschnitte gleichartiger Struktur der deutschen Ostseeküste zur Abschätzung der die aktuelle Ausprägung des Strandklimas wesentlich charakterisierenden Differenzgröße herangezogen werden können.

2.6 Dampfdruck

Das vorliegende Datenmaterial gestattet es leider nicht, für Strand und ufernahe Wasserzone lange homogene Reihen des Dampfdruckes oder anderer Feuchtegrößen zusammen zu stellen, so dass hier nur die Ergebnisse einer Sonderuntersuchung im Frühsommer referiert werden können. Diese wurde anlässlich des internationalen Küstenexperimentes „Einflüsse der Küste auf Atmosphäre und Meer" (EKAM) in Zingst durchgeführt (BÖRNGEN und HUPFER 1975).
Es handelt sich um zwei siebentägige Perioden zwischen Ende Mai und Mitte Juni, wovon die Periode I durch einen relativ hohen Anteil auflandiger Windrichtungen (ca. 40 %), die Periode II dagegen durch überwiegend ablandigen Wind gekennzeichnet war. Die Globalstrahlung lag in beiden Perioden im Bereich des langjährigen Mittelwertes. Die Ergebnisse sind in der Tab. 2.12 und den Abb. 2.22 und 2.23 dargestellt.
Die Dampfdruckwerte tendieren zur Abnahme mit zunehmender Uferentfernung, die Differenzen sind jedoch relativ gering und uneinheitlicher als die der Temperatur.

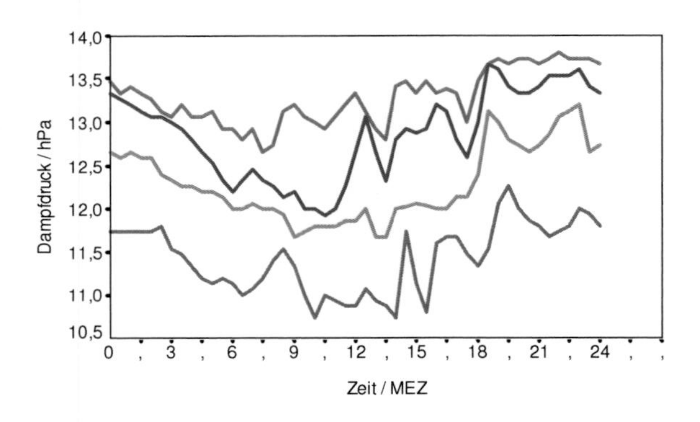

Abbildung 2.22: Tagesgänge des Dampfdruckes am Strand (rot) und über der ufernahen Wasserzone an den Messpunkten Brückenkopf (blau), in 200 m (grün) und 300 m Uferentfernung (schwarz) während einer siebentägigen Messperiode im Mai/Juni 1973, in der in etwa 40 % der Zeit auflandiger Wind herrschte

Abbildung 2.23 wie Abbildung 2.22, aber siebentägige Messperiode im Juni 1973 mit überwiegend ablandigem Wind

In der Periode I weist der mittlere Tagesgang beträchtliche Fluktuationen auf mit der Tendenz eines Minimums gegen Mittag und eines Maximums in der Nacht, was dem maritimen Tagesgang entspricht. In der Periode II ist der Tagesgang regelmäßiger mit maximalen Werten vormittags und minimalen in der Nacht. Die Transformation Land-Meer vollzieht sich in der Bodenschicht in Periode I erst über Land, während das in der Periode II im Bereich zwischen Brückenkopf und dem Messpunkt in 200 m Uferentfernung über der ufernahen Wasserzone der

Fall ist. Aus dem Vergleich der beiden Messserien wird deutlich, dass der Dampfdruck im unmittelbaren Uferbereich ebenfalls von den vorherrschenden Windverhältnissen erheblich beeinflusst wird. Ähnlich wie die Temperatur unterliegt auch diese Größe einer raschen Transformation in der Bodenschicht zu beiden Seiten der Uferlinie. Bei auflandigem Wind nimmt der Dampfdruck vom Land zum Meer stärker ab als bei ablandigem Wind. Er unterliegt dabei aber nicht so starken Änderungen wie die Lufttemperatur.
Da einerseits Schwüle und andererseits sehr trockene Luft nur in seltenen Ausnahmefällen bei ablandigem Wind im Sommer auftreten dürften, tritt der Dampfdruck in seiner bioklimatischen Bedeutung klar hinter der Lufttemperatur zurück.

Tabelle 2.12: Statistischer Vergleich der Dampfdruck-Mittelwerte der Messperioden I und II (s. Text)

Statistische Größe	Periode I					Periode II				
	Strand	BK	200 m	300 m	Mittel	Strand	BK	200 m	300 m	Mittel
Mittelwert /hPa	13,2	12,8	12,3	11,3	12,4	11,3	10,5	10,0	9,7	10,3
Standardabweichung	2,3	2,7	2,5	2,4	2,5	2,5	2,6	2,4	2,6	2,5
Mittl. Tagesschwankung / hPa	1,1	1,7	1,6	1,7	1,5	2,1	2,5	1,3	1,5	1,8
Mittl. horizontaler Gradient / hPa/100 m	0,17	0,47	0,85		0,50	0,29	0,52	0,23		0,35

2.7 Zur Repräsentativität von Messungen im ufernahen Bereich

Aus der Diskussion in den vorausgegangenen Abschnitten geht hervor, dass das Strandklima bei allen Größen im Fall eigenbürtiger Witterung durch starke horizontale Gradienten gekennzeichnet ist. Dasselbe gilt auch für die Wassertemperatur innerhalb einiger hundert Meter seewärts der Uferlinie, insbesondere im Sommer.
Diese Verhältnisse müssen bei der Beurteilung klimatologischer Daten von küstennahen Stationen berücksichtigt werden. Sowohl im Einzelfall als auch im Mittel können erhebliche Unterschiede auftreten, je nachdem, wie die Lage der betreffenden Station ist. Eine Station, die sich im unmittelbaren Hinterland befindet, kann gegenüber einer Station, die direkt im Strand- oder Dünenbereich liegt, deutlich „kontinentalere" Verhältnisse aufweisen. Die Größenordnung der Unterschiede in der Lufttemperatur kann man im Fall von Flachküsten nach den in Abschnitt 2.5 gegebenen Daten und Verfahren abschätzen.
Die Bedingungen, unter denen die Wassertemperatur gemessen wird, bedürfen einer genauen Protokollierung. Gerade im Sommer, wenn diese Daten die größte Bedeutung für das Bioklima des Strandes haben, können spürbar andere Werte gemessen werden, wenn bspw. am Kopf einer in den meisten Badeorten vorhandenen Seebrücke, die einige 100 m lang sein kann, oder ob im Flachwasserbereich unmittelbar an der Uferlinie gemessen wird. Die gerade im Sommer beträchtlichen Tagesgänge der Wassertemperatur im ufernahen Flachwasser erfordern die genaue Einhaltung von Terminen, um Vergleichbarkeit zu gewährleisten.
In langen Messreihen können bekanntlich erhebliche Sprünge bzw. Inhomogenitäten auftreten, wenn der Messort gewechselt wird. Gerade in einem Gebiet mit starken horizontalen Gradienten aller Größen ist diese Feststellung besonders gravierend. Vorhandene Reihen sind daher unter diesem Aspekt kritisch zu beurteilen.

3 Der Übergang Meer – Land im Meso-Scale: Das Küstenklima

3.1 Einführung

Das Klima im Gebiet der Ostsee war Gegenstand einer ganzen Reihe von Publikationen, von denen hier nur einige beispielhaft aufgeführt werden sollen. In die Gruppe der allgemeinen Klimatologien, die sich u.a. mit der Zuordnung der Gebiete der Ostsee in Klimaklassifikationen sowie mit dem jährlichen Gang der Klimaelemente befassen, gehören die älteren Arbeiten von NEHLS (1933) und DEFANT (1974).
Tabellen diverser Klimaelemente von Küstenstationen können den Darstellungen von MÜLLER (1996), MÜLLER-WESTERMEIER (1996) und der Klimadatenbank des Deutschen Wetterdienstes (www.dwd.de/de/FundE/Klima/KLIS/daten/online/nat/index_mittelwerte.htm, Stand 01/2006) entnommen werden.
Den maritimen Aspekt des Küstenklimas betonen die Seehandbücher vom BUNDESAMT FÜR SEESCHIFFFAHRT UND HYDROGRAPHIE (1996) und KAUFELD et al. (1997), wo neben Klimaangaben zu den Seegebieten und Küstenstationen ebenfalls typische Wetterlagen behandelt werden. Das Wetter aus Sicht der Seefahrt wird im „Klassiker" des Autorenteams des Seewetteramtes Hamburg (Deutscher Wetterdienst) anschaulich erörtert (BOCK et al. 2002).
Mit dem lokalen bis regionalen Scale beschäftigen sich die Arbeiten von MÜLLER (1998) und ISOKEIT (2005), die das Klima von Greifswald bzw. des Strelasundes zum Inhalt haben.
Die Einbettung des Ostseeklimas in Klimaschwankungen wird durch HUPFER und TINZ (1996) vorgenommen (s.a. Kap. 5). Weitere Angaben dazu sowie eine Beschreibung des saisonalen Ganges spezieller thermischer Größen wie den Kälte- und Wärmesummen liefert TIESEL (1996).
Einen Monatsrückblick des Wetters und der Witterung an der deutschen Ostseeküste wird regelmäßig in der Zeitschrift „Wetterlotse" (z.B. LEFEBVRE 2005a) sowie als Jahreszusammenfassung im „Klimastatusbericht" des DWD (z.B. LEFEBVRE 2005b) vorgenommen.
Die nachstehend untersuchten langen Reihen der Lufttemperatur und der Wassertemperatur werden als repräsentativ für das Küstengebiet der südwestlichen Ostsee angesehen. Während im Kapitel 2 der thermische Übergang zwischen Land und Meer im mikroskaligen Bereich dargelegt wurde, betreffen die hier behandelten thermischen Verhältnisse das Mesoklima des Küstenbereiches, das durch das Übergangsverhalten der meisten meteorologischen Größen charakterisiert ist. Diese besondere thermische Struktur wird durch die im folgenden Abschnitt beschriebene kartenmäßige Darstellung eines Kontinentalitätsindexes für die deutschen Küstengebiete veranschaulicht.

3.2 Kontinentalität

Zur Kennzeichnung des thermischen Übergangs von den maritimen zu den mehr kontinentalen Verhältnissen wurden in der Vergangenheit verschiedene Indizes aufgestellt, die meist die Jahresschwankung der Lufttemperatur und die geographische Breite als Eingangsgrößen für makroskalige Betrachtungen enthalten. Eine Übersicht über Kontinentalitätsindizes findet man z.B. in der bekannten Schrift von KNOCH und SCHULZE (1954).
Hier wird auf ein Verfahren nach KWIECIŃ (1962) zurückgegriffen, das sich besonders für mesoklimatische Anwendungen eignet, da Strukturen, die vom allgemeinen Makroklima abweichen, deutlich sichtbar werden. Die Autorin entwickelte einen speziellen Kontinentalitätsindex für das polnische Küstengebiet. Der hier in modifizierter Form berechnete KWIECIŃ-Index K wird wie folgt bestimmt:

$$K = \frac{1}{5}(a + b + p + m + g).$$

Die Berechnung der Variablen erfolgt mit:

$$a = 100\frac{A_n - A_0}{A_{max} - A_{min}},\ b = 100\frac{B_0 - B_n}{B_{max} - B_{min}},\ p = 100\frac{P_n - P_0}{P_{max} - P_{min}},\ m = 100\frac{M_n - M_0}{M_{max} - M_{min}} \text{ und}$$

$$g = 100\frac{G_n - G_0}{G_{max} - G_{min}}.$$

Die Variablen und Indizes stehen für:

- A: mittlere Schwankungsbreite der Lufttemperatur in K,
- B: mittlere Dauer der frostfreien Zeit in Tagen,
- P: mittlere Zahl der Frosttage im Jahr ($T_{Lmin} \leq 0$ °C),
- M: mittlere Zahl der Eistage im Jahr ($T_{Lmax} < 0$ °C),
- G: mittlere Zahl der Sommertage im Jahr ($T_{Lmax} \geq 25$ °C),
- 0: bezieht sich auf die Station mit der größten Maritimität,
- n: auf die jeweilige betrachtete Station,
- max: auf den maximalen Wert in der betrachteten Reihe und
- min: auf den minimalen Wert in der betrachteten Reihe.

Die beiden Stationen mit der kleinsten und größten Kontinentalität erhalten den K-Wert von 0 bzw. 100. Alle anderen K-Werte werden entsprechend linear transformiert.
Die Berechnung des Kontinentalitätsindexes nach KWIECIŃ erfolgte für den norddeutschen Raum nördlich von 52° N an Hand von 81 Wetter- und Klimastationen. Die dazu erforderlichen Daten wurden der Klimadatenbank „Mirakel" des Deutschen Wetterdienstes entnommen. In der Tab. 3.1 sind einige Berechnungsbeispiele angegeben. Als maritimste Station erweist sich erwartungsgemäß Helgoland, während das in der Mecklenburger Seenplatte gelegene Waren an der Müritz die kontinentalsten Züge aufweist.

Tabelle 3.1: Beispiele für den Kontinentalitätsindex nach KWIECIŃ und die ihn bildenden Parameter für Stationen an der Ostseeküste sowie für Helgoland und Waren/Müritz 1971-2000

Station	Höhe ü. NN / m	Mittlere jährliche Schwankung der Lufttemperatur / K	Mittlere Zahl der Tage im Jahr				Kontinentalitätsindex / %
			Frostfreiheit	Frosttage	Eistage	Sommertage	
Helgoland	4	15,4	278	28	8	1	0
Arkona	42	17,4	227	52	17	3	37
Warnemünde	4	18,2	221	57	17	15	48
Westermarkelsdorf	3	17,8	215	56	16	8	53
Schleswig	43	17,4	200	69	18	13	56
Travemünde	9	18,0	204	64	18	11	59
Barth	7	18,6	194	81	25	25	78
Waren/Müritz	70	19,9	190	80	26	23	100

In der Abb. 3.1 ist die räumliche Verteilung des Kontinentalitätsindex enthalten. Sehr gut ausgeprägt sind der thermische Übergang zwischen Land und Meer an der Nordseeküste und im Bereich der Osthälfte der Ostseeküste, wo sich seewärts die großen Wasserflächen der Südlichen Ostsee befinden. Neben der dominierenden Erhöhung des Index von Nord nach Süd erkennt man aber auch die langsame Zunahme der Kontinentalität von West nach Ost. Ferner können Erhebungen wie der Norddeutsche Landrücken aber auch das urbane Klima Berlins und Hamburgs festgestellt werden (HUPFER und TINZ 2005). Insgesamt zeigt die Verteilung, dass der KWIECIŃ-Index gut zur Kennzeichnung mesoklimatischer Strukturen (Begriff s. HUPFER 1989) geeignet ist. Linienführung und –abstände hängen natürlich von der Lage der Stationen und ihrer Besonderheiten ab, die grundlegenden Verläufe werden jedoch zutreffend wiedergegeben.

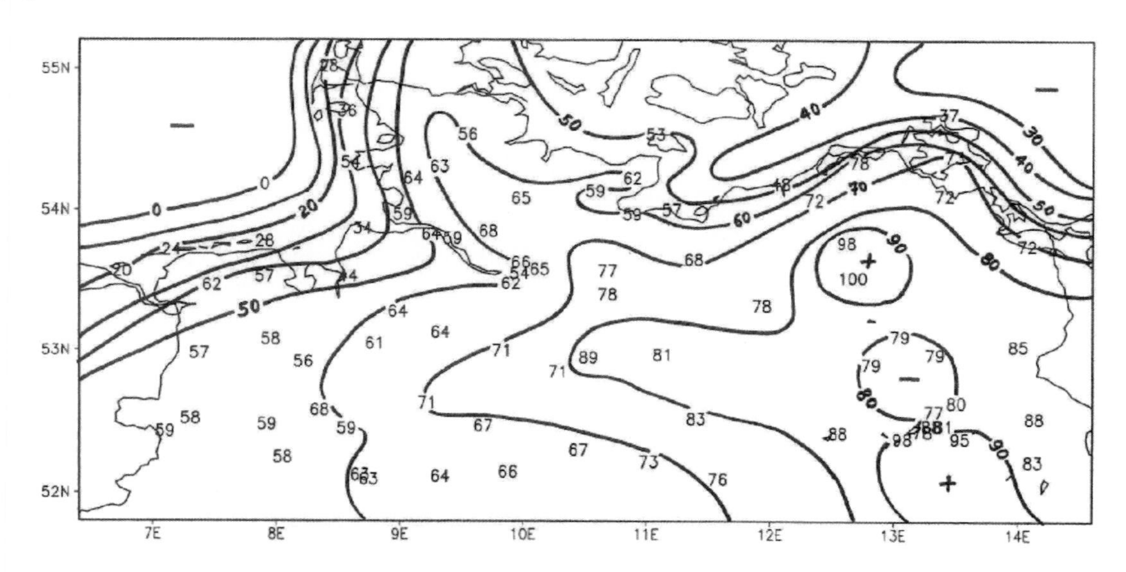

Abbildung 3.1: Kontinentalitätsindex in % nach KWIECIŃ (1962), berechnet für Norddeutschland 1971-2000. Daten: Deutscher Wetterdienst Offenbach a.M.

Die Abb. 3.2 a-e zeigen die Verteilungen der Parameter, die in die Berechnung des Kontinentalitätsindex eingehen. So nimmt die Jahresschwankung der Lufttemperatur (Abb. 3.2a) erwartungsgemäß vom Meer zum Land, aber auch von West nach Ost zu (s. auch NEUBER 1970). Während in der Deutschen Bucht 15 K Jahresschwankung kaum überschritten werden, erreicht dieser Wert im östlichen Brandenburg fast 21 K. Auffällig ist, dass das für den westlichen Ostseeküstenbereich der Übergang Land-Meer wegen der relativ schmalen Gewässer in der Linienführung nicht so eindeutig bestimmt ist, wie weiter ostwärts und an der Nordseeküste, wo der Gradient der Isothermen am stärksten ausgeprägt ist.

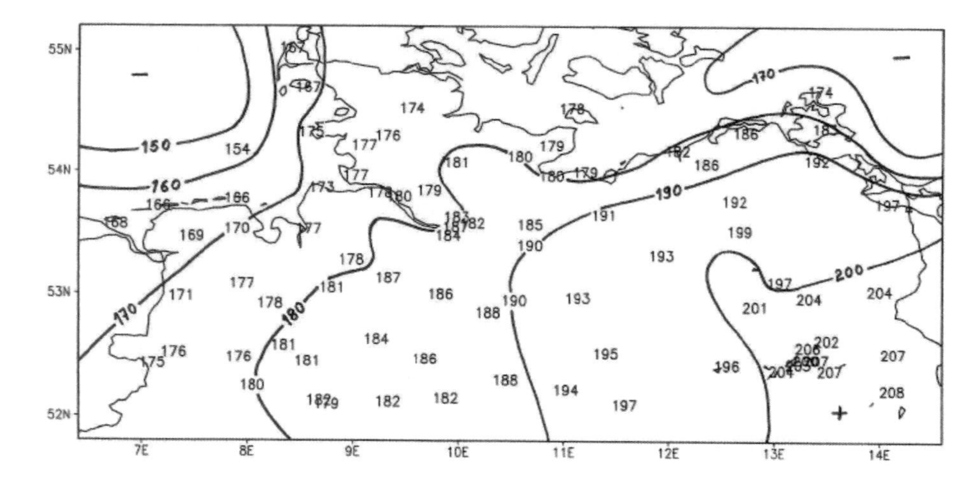

Abbildung 3.2a: Verteilung der meteorologischen Parameter, die in den Kontinentalitätsindex eingehen: mittlere Jahresschwankung der Lufttemperatur in 0,1 K (1971-2000)

Ein prinzipiell ähnliches Bild, aber mit entgegen gesetztem Gradienten weist die Verteilung der frostfreien Zeit auf (Abb. 3.2b). Auch hier orientieren sich die Isolinien deutlich am Küstenverlauf. Auf Helgoland kann mit einer mittleren frostfreien Zeit von über 9 Monaten gerechnet werden. Der entsprechende Wert für das Berlin-Brandenburger Gebiet liegt bei etwa 6 Monaten. Im Unterschied zur Jahresschwankung gibt es einige isolierte Gebiete mit deutlich verminderter frostfreier Zeit. Diese Stationen zeichnen sich durch ihre Lage in der Lüneburger Heide (Unterlüß: 148 Tage) bzw. in einem vermoorten Flusstal (Gardelegen: 157 Tage) und entsprechender Frostgefährdung aus (s. GEIGER 1961). Im Gegensatz dazu weist die Unterelbe zwischen Hamburg und Deutscher Bucht eine verringerte Frosthäufigkeit aus, da bei entsprechender Wetterlage das relativ ungestörte Einströmen wärmerer Luftmassen von der Nordsee her möglich ist und ein Unterschreiten der 0 °C-Marke verhindert wird.

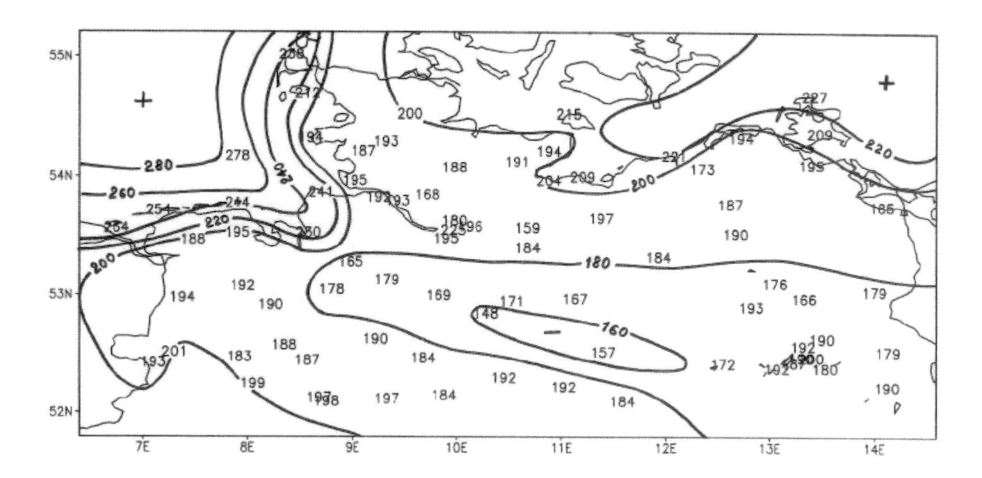

Abbildung 3.2b: Wie Abb. 3.2a, aber mittlere Dauer der frostfreien Zeit in Tage pro Jahr

Bei der mittleren Zahl der Frosttage (Abb. 3.2c) dominiert die durch den Küstenverlauf geprägte Linienführung bei gleichzeitiger Zunahme der Zahlen von West nach Ost. Die Extremwerte werden mit 4 Wochen auf Helgoland sowie mit 3 Monaten im Bereich des Ostteils des Nördlichen Landrückens (Station Woldegk, 118 m ü. NN) und Südbrandenburg registriert. Der Stadteffekt wird in Hamburg in Form einer Verminderung der Anzahl der Frosttage um 3 Wochen deutlich. An der im Zentrum gelegenen Station St. Pauli werden 49 Tage registriert, während es am 9 km entfernten und am Stadtrand liegenden Flughafen Fuhlsbüttel 70 Tage sind.

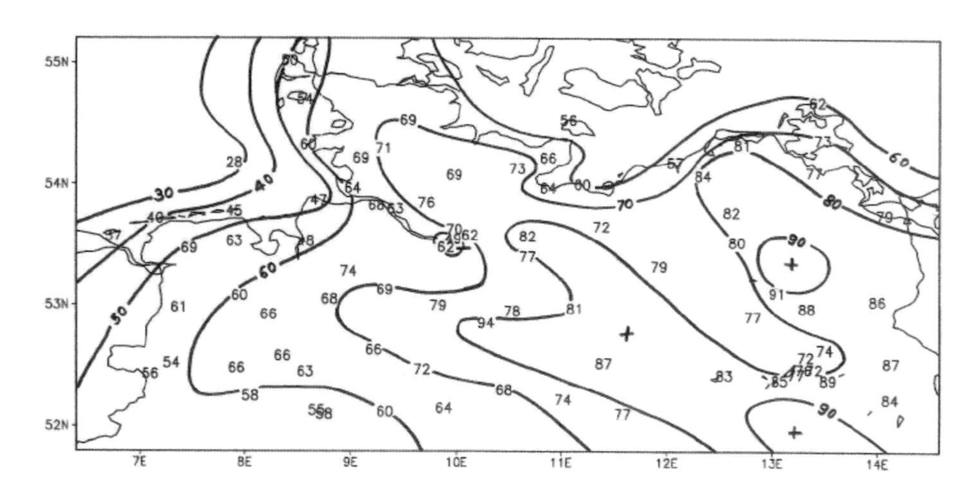

Abbildung 3.2c: Wie Abb. 3.2a, aber mittlere Zahl der Frosttage pro Jahr

Bei der Verteilung der jährlichen Eistage (Abb. 3.2d) wird der Verlauf der Linien etwa in gleicher Weise durch die Zunahme der Winterstrenge nach Osten hin und durch den Einfluss des Meeres bestimmt. Dabei können nur relativ geringe Unterschiede zwischen den Stationen nachgewiesen werden. Etwa 10 Eistage sind für die Nordseeküste und das Emsland typisch; über 25 Tage sind es an der östlichen Mecklenburgischen Seenplatte sowie in Südostbrandenburg. Für den Stadteffekt gilt das eben Gesagte.

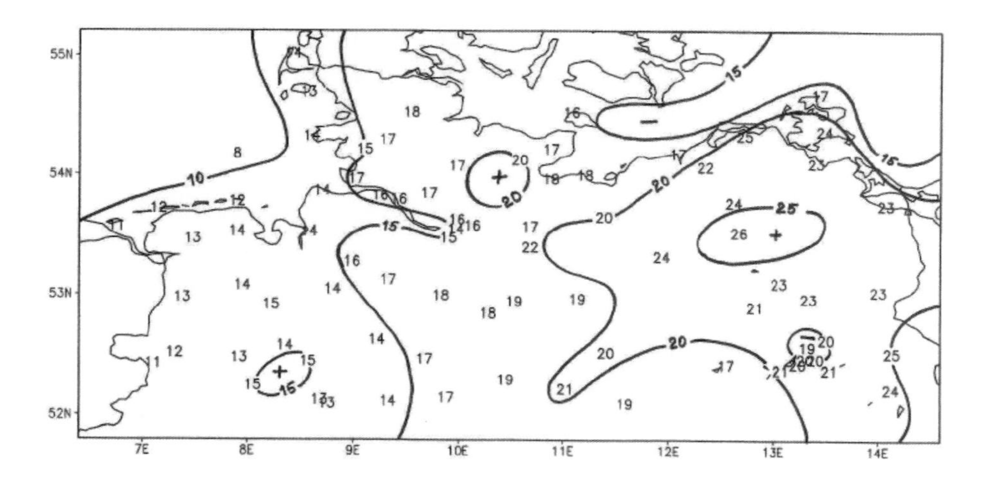

Abbildung 3.2d: Wie Abb. 3.2a, aber mittlere Zahl der Eistage pro Jahr

Wie nicht anders zu vermuten, nimmt die Zahl der Sommertage (Abb. 3.2e) vom Meer zum Land hin deutlich zu. Dabei ist eine Zunahme nach Osten hin nur relativ gering ausgeprägt. Die Seegebiete (Helgoland 1 Tag) und exponierten Küsten (Arkona 3 Tage) sind thermisch deutlich benachteiligt. Mehr als 40 Tage werden im Gebiet südlich von Berlin erreicht.

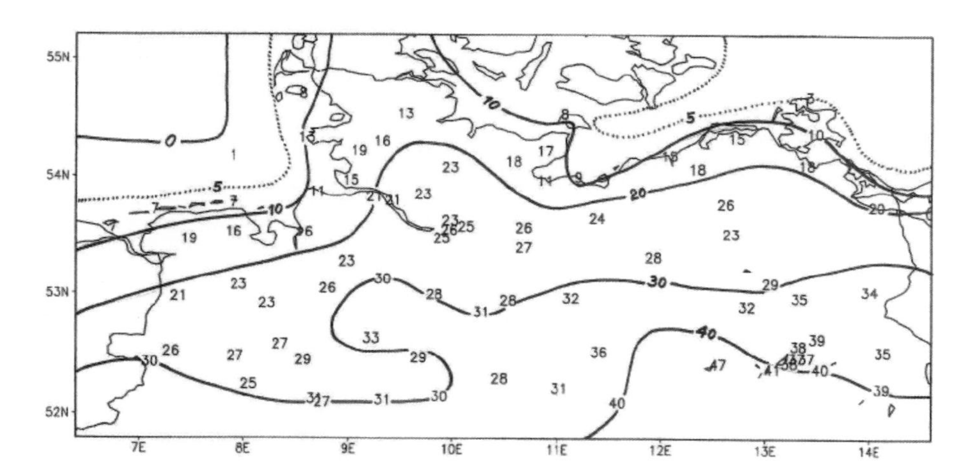

Abbildung 3.2e: Wie Abb. 3.2a, aber mittlere Zahl der Sommertage pro Jahr

Bei allen untersuchten Größen konnte ein qualitativ gleiches Verhalten nachgewiesen werden, das sich durch eine Drängung der Isolinien an den Küsten von Nordsee und Südlicher Ostsee auszeichnet, während der Gradient an der Westlichen Ostsee, insbesondere westlich von Fehmarn, nur schwach ausgeprägt ist. Die Zunahme der Kontinentalität von West nach Ost hingegen ist etwas schwächer entwickelt.
Ein weiteres Kennzeichen des maritimen Jahresganges der Temperatur ist die größere Verzögerung des Eintritts der Extrema in Bezug auf den jährlichen Höchst- bzw. Tiefststand der Sonne im Vergleich mit einem kontinentalen Klima. In der Abb. 3.3 sind für die Stationen Ar-

kona (maritim) und Waren (kontinental) die Jahresgänge der Lufttemperatur auf der Basis von Monatsmittelwerten dargestellt. Der besseren Vergleichbarkeit halber sind die Werte auf die Jahresschwankung bezogen, wobei der kälteste Monat den Wert 0 % erhält, während 100 % für den wärmsten Monat steht.

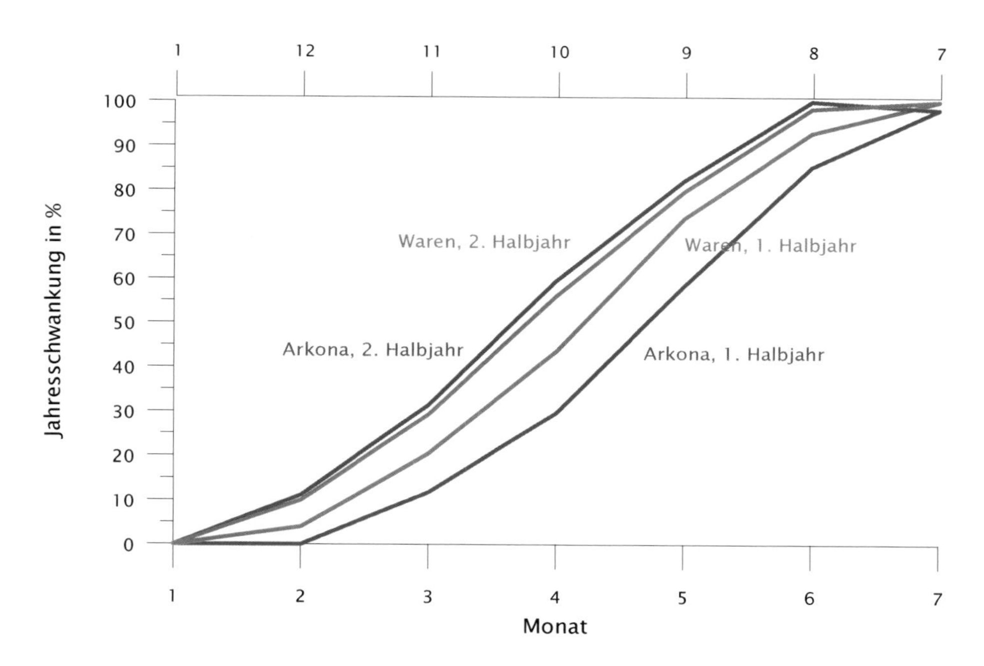

Abbildung 3.3: Jahresgang der relativen Lufttemperatur (bezogen auf die Jahresschwankung) von Arkona (blau) und Waren/Müritz (rot) 1961-90, nach einer Darstellungsweise bei HENDL (2001)

Die Unterschiede betreffen insbesondere die erste Jahreshälfte, in der der Temperaturanstieg an der Küste deutlich verzögert ist, während es in der zweiten Jahreshälfte kaum Unterschiede gibt.

3.3 Lufttemperatur

Einige statistische Grunddaten für Stationen, die im engeren oder weiteren Umgebungsbereich der deutschen Ostseeküste liegen, werden in Tab. 3.2 mitgeteilt. Sie bestätigen im Wesentlichen die Erkenntnisse, die aus der Untersuchung der mesoskalen Kontinentalität (Abschnitt 3.1) gewonnen worden sind. Während die Jahreswerte um weniger als 1 K variieren, zeigen die Jahreszeitenwerte zwei überlagerte Muster, die küstennormal gerichtete mesoskale Kontinentalität sowie die übergeordnete Zunahme der großmaßstäblichen Kontinentalität von West nach Ost. Es hat darüber hinaus den Anschein, dass die lokale Lage einer Station erheblichen Einfluss auf die Messwerte besitzt.
Die Standardabweichung des Jahresmittels der Lufttemperatur liegt an allen Stationen einheitlich unter 1 K. Im Jahresgang zeigen sich die höchsten Werte erwartungsgemäß im Winter (ca. 2 K), während im Herbst (ca. 0,8 K) das Minimum erreicht wird. Im räumlichen Vergleich ist in allen Jahreszeiten eine Zunahme der Standardabweichung von West nach Ost zu verzeichnen.
Im Jahresgang der Lufttemperatur auf der Basis von Monatsmitteln zeigt sich der typisch maritime Verlauf. An der Station Warnemünde tritt das Minimum im Januar und Februar auf, während das Maximum im Juli und August erreicht wird (Abb. 3.4). Die zweite Jahreshälfte ist im Mittel um 4,7 K wärmer als die erste. Zu diesem Befund passt auch, dass die absolut tiefsten bzw. höchsten Monatsmitteltemperaturen erst im Februar und im August registriert wurden.

Tabelle 3.2: Jahreszeitenmittelwerte und Standardabweichung s der Lufttemperatur T_L für im Untersuchungsgebiet für den Zeitraum 1951-2000. Saison = Mai-September

Station	KE[1]) / km	Frühjahr / °C	Sommer / °C	Herbst / °C	Winter / °C	Jahr / °C	ΔT_L[2]) / K	Saison / °C
Schleswig	25[3])	6,8	15,5	9,0	1,0	8,1	15,5	14,1
Westermarkelsdorf	0,1	6,3	16,0	9,9	1,0	8,3	16,4	14,5
Travemünde	0,1	7,2	16,1	9,2	1,1	8,3	16,1	14,7
Boltenhagen	0,1	7,0	16,1	9,5	1,2	8,5	16,1	14,7
Schwerin	35	7,6	16,5	9,1	0,6	8,5	17,0	15,1
Kirchdorf auf Poel	0,2	7,4	16,5	9,5	0,9	8,6	16,8	15,0
Warnemünde	0,15	7,1	16,4	9,6	1,1	8,6	16,5	14,9
Arkona	0,2	5,7	15,6	9,6	1,0	8,0	16,3	14,1
Putbus	3	6,5	16,0	9,0	0,5	8,0	16,7	14,5
Ueckermünde	25[4])	7,3	16,7	8,9	0,1	8,3	17,9	15,2
s	-	1,1-1,3	0,8-1,0	0,7-0,9	1,6-2,3	0,7-0,9	-	0,7-0,8
Mittelwert aller Stationen	-	7,0	16,1	9,3	0,9	8,4	16,4	14,7
DWD-Grid Ostseeküste	-	7,0	16,2	9,2	0,8	8,3	16,5	14,7
JONES-Grid 50-60° N, 5-15° E	-	6,5	15,5	9,1	0,6	7,9	16,0	14,1

[1]) Küstenentfernung, [2]) Differenz zwischen wärmstem und kältestem Monat, [3]) Lage an der Schlei, [4]) Lage am Stettiner Haff

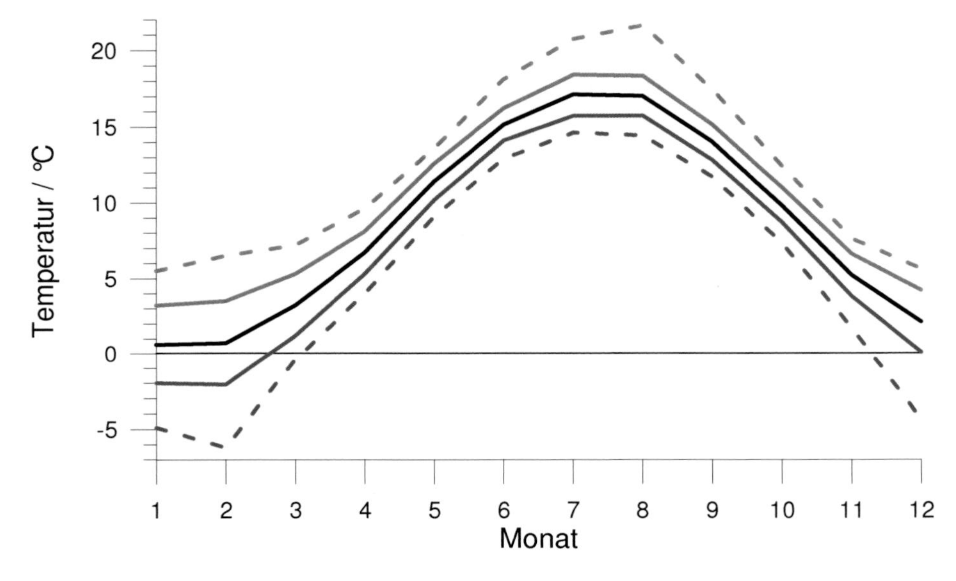

Abbildung 3.4: Mittlerer Jahresgang der Monatsmittelwerte der Lufttemperatur 1951-2000 für Warnemünde in °C (schwarze Linie). Mit angegeben sind die absoluten monatlichen Minima (blau, gestrichelt) und Maxima (rot, gestrichelt) sowie die Monatsmittelwerte plus/minus der monatlichen Standardabweichung (alle Angaben in °C)

In der Abb. 3.5 werden die Häufigkeitsverteilungen für die Jahres- und Jahreszeitenwerte der Lufttemperatur ebenfalls für Warnemünde gezeigt. Im Frühjahr, Sommer und Herbst sind die Werte annähernd normalverteilt (Anpassungstest nach KOLMOGOROFF und SMIRNOFF, zum Verfahren siehe SCHÖNWIESE 2000), während die winterliche Verteilung durch das gelegentliche Vorkommen kalter Winter ebenso wie die Verteilung der Jahresmittelwerte größere Abweichungen zeigt. Die Spektraldichteverteilung der Jahresmittelwerte der Lufttemperatur von Warnemünde zeigt bei etwa 2,3 Jahren ein lokales Maximum, das mit der bekannten QBO (*Quasi-Biennial Oscillation:* periodische Umkehrung der äquatorialen Winde in der unteren Stratosphäre alle 26 Monate im Mittel, s. LABITZKE und LOON 1999) korrespondiert (Abb. 3.6). Nach einem gut ausgeprägten Energiedichteminimum bei einer Periode von knapp unter 4 Jahren steigen die Spektralwerte nach längeren Perioden hin an und deuten damit auf die Existenz längerfristiger Schwankungen mit ausgeprägtem Trendverhalten hin.

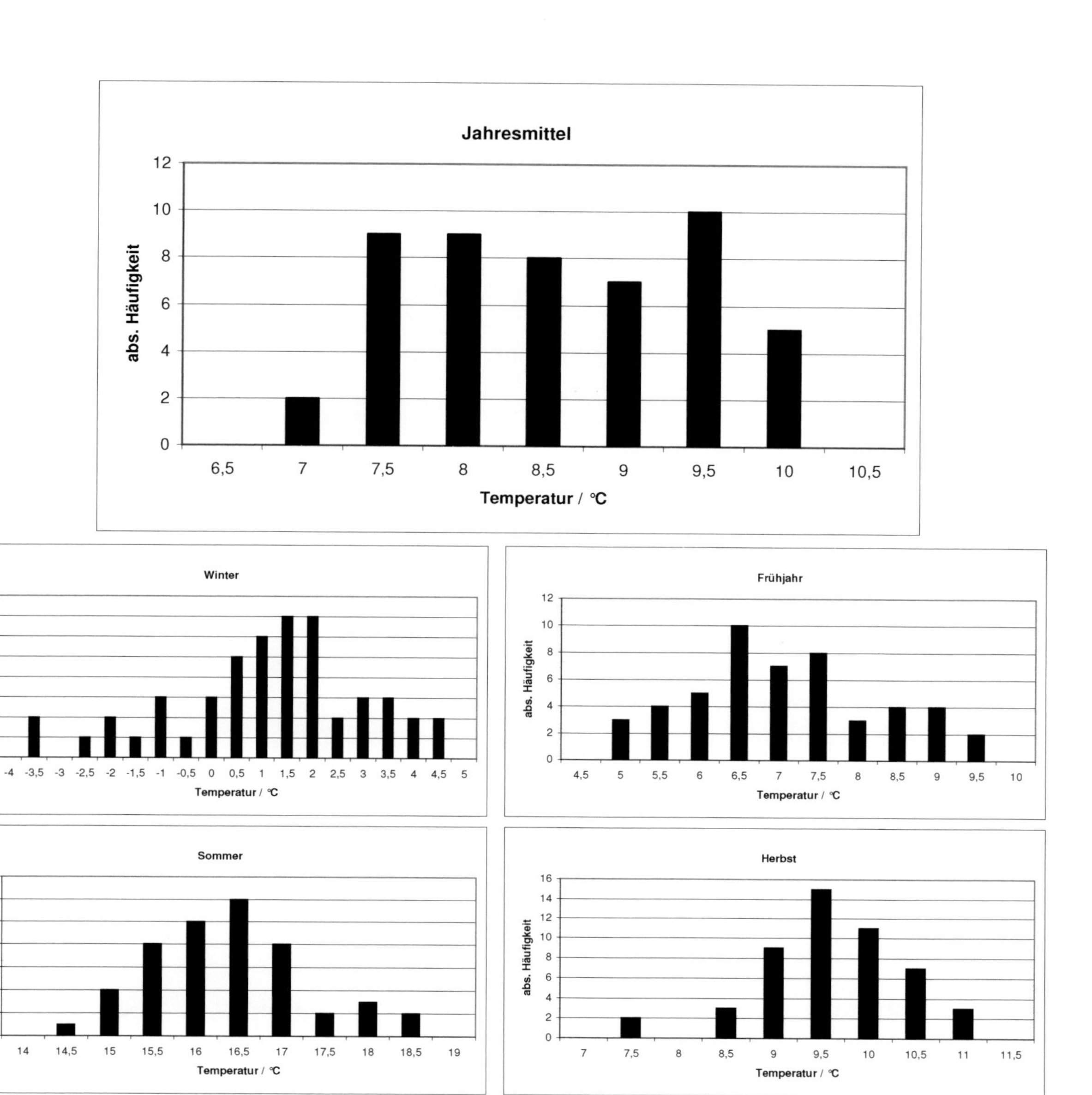

Abbildung 3.5: Häufigkeitsverteilung der Jahres- und Jahreszeitenmittelwerte der Lufttemperatur von Warnemünde für 1951-2000

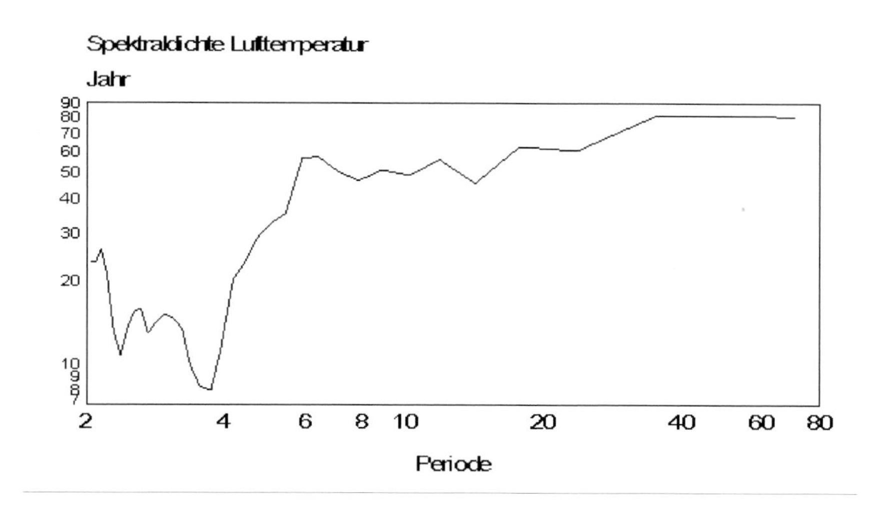

Abbildung 3.6: Energiedichtespektrum der Jahresmittelwerte der Lufttemperatur in °C für Warnemünde für 1951-2000. Verschiebungslänge: 7, Filter: Hamm-Tukey

Den Jahresgang der Lufttemperatur für Warnemünde (1994-2003) auf der Grundlage von Tageswerten enthält Abb. 3.7. Im Gegensatz zur Wassertemperatur ist die Streuung der Tageswerte um den idealen Jahresverlauf relativ gering. Singularitäten im Jahresgang können nicht oder nur andeutungsweise identifiziert werden. Auffällig ist das lange Verweilen der Lufttemperatur auf dem Niveau von 0 °C, das von Ende Dezember bis Ende Februar zu verzeichnen ist.
Die Häufigkeitsverteilung der Tageswerte (Abb. 3.8) weist erwartungsgemäß die höchsten Klassenbesetzungen sowohl bei den hohen als auch bei den niedrigen Temperaturwerten auf. Das lokale Minimum dieser zweigipfligen Häufigkeitsverteilung liegt im Bereich des Jahresmittels der Lufttemperatur.

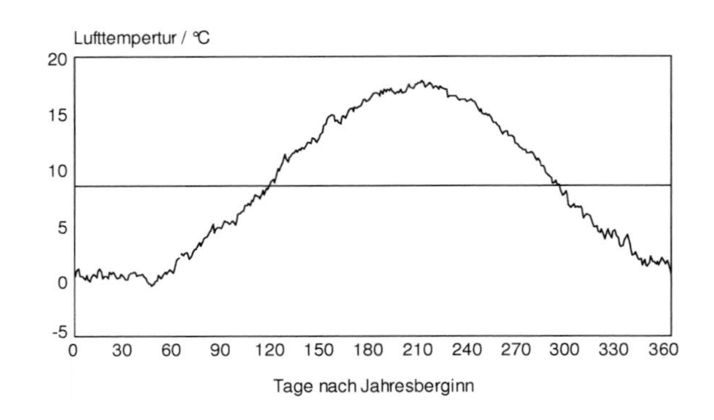

Abbildung 3.7: Jahresgang der Tagesmittelwerte der Lufttemperatur in °C für Warnemünde 1994-2003

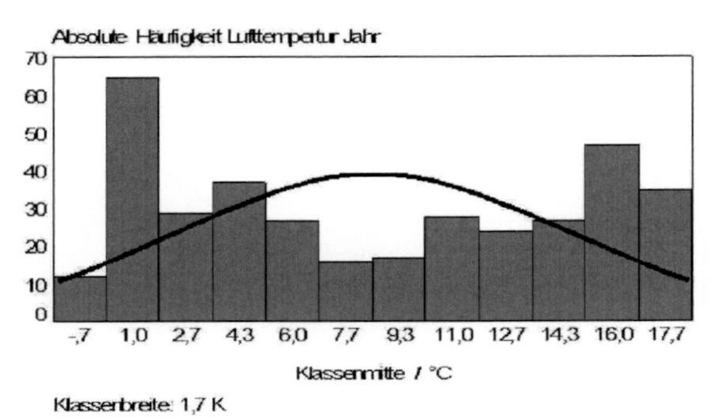

Abbildung 3.8: Absolute Häufigkeit der Tagesmittelwerte der Lufttemperatur in °C für Warnemünde 1994-2003

3.4 Wassertemperatur

Die Wassertemperatur ist für alle betrachteten räumlichen Maßstabsbereiche ein wichtiges Klimaelement. Im Übergangsbereich zwischen Gewässer und Land kommt dieser Größe zudem eine bioklimatische Bedeutung zu. Klimatologische Untersuchungen der Wassertemperatur in der ufernahen Zone der Ostsee findet man relativ selten, für die jüngere Zeit kann auf die Arbeiten von MÜLLER-NAVARRA und LADWIG (1997), TINZ und HUPFER (1999) sowie TINZ (2000) verwiesen werden. Die Frage der Repräsentanz von Temperaturmessungen im ufernahen Flachwasser wurde bereits im Abschnitt 2.4 erörtert.
Insbesondere im Hinblick auf die im Kapitel 6 erörterten Langzeitänderungen wurden zwei lange Zeitreihen der Oberflächenwassertemperatur gebildet. Die Standardreihe „Ufernahe Zone der Ostsee“ beruht auf den seit 1948 vorliegenden Messungen in Travemünde, die Standardreihe „Offene See“ dagegen auf Messwerten des dänischen Feuerschiffs „Gedser Rev“, für dessen Position Messungen im Zeitraum 1897-1976 zur Verfügung stehen. Die Basisreihen der Monatsmittelwerte wurden mit Hilfe von Regressionsrechnungen auf die einheitliche Länge von 108 Jahren (1897-2004) gebracht. Fehlende Monatsmittelwerte wurden zum einen durch die Ergebnisse der Regressionsanalysen, zum anderen in einzelnen Monaten durch Einsetzen von Mittelwerten geschlossen.
Die Spearman-Korrelationskoeffizienten zwischen den beiden Standardreihen sind sowohl für die Jahresmittelwerte (r_S = 0,65) als auch für jeden Monat (r_S = 0,50...0,75) signifikant von Null verschieden, allerdings ist das Niveau der Korrelation relativ gering. Dieser Befund weist auf die thermische Sonderstellung der ufernahen Zone des Meeres hin.
Weiterhin basiert diese Studie auf Tageswerten (08 Uhr MEZ) der Wassertemperatur für den Zeitraum 1994-2003 in der ufernahen Zone der Ostsee bei Zingst (Zingst-Strand) und im

Zingster Strom der Darß-Zingster-Boddenkette (Zingst-Hafen). Beide Stationen befinden sich in einer Entfernung von etwa 1,5 km voneinander (s. Abb. 2.2b). Die Analyse der Zingster Datensätze verdeutlicht die thermischen Unterschiede zwischen der Ostsee und dem flachen Bodden, der an der Messstelle advektiv bedingten Temperaturänderungen nur in geringem Grad ausgesetzt sein dürfte. Die geographische Lage der vier eben genannten Stationen ist in der Abb. 3.9 dargestellt.

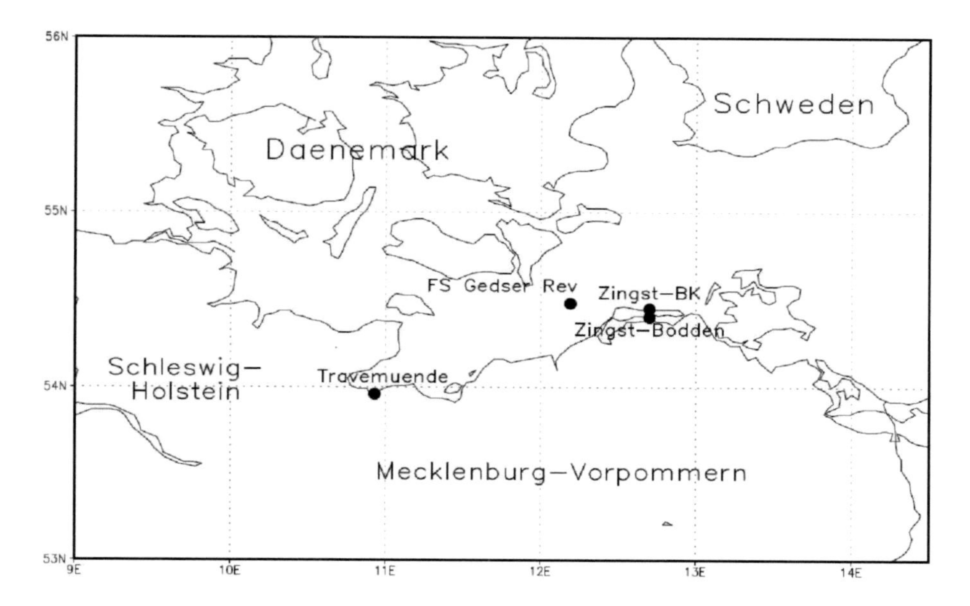

Abbildung 3.9: Geographische Lage der Stationen, von denen Wassertemperaturdaten verwendet wurden. Feuerschiff Gedser Rev 1897-1976 (Daten: Institut für Ostseeforschung Warnemünde), Travemünde 1947-2004 (Daten: Wasser- und Schifffahrtsdirektion Nord Lübeck), Zingst Außenküste (BK) und Bodden 1994-2003 (Daten: Biologische Station Zingst der Universität Rostock/Institut für Meteorologie der Universität Leipzig)

Der Tab. 3.3 können die Hauptdaten für die beiden Standardreihen Küste und Offene See entnommen werden. Beide Reihen weisen die Extremwerte im Februar und August auf, wobei jedoch für die offene See eine Verschiebung zu dem jeweils folgenden Monat zu erkennen ist. Nur in den vier Monaten November bis Februar ist die ufernahe Zone etwas kälter als die offene See, die positiven Abweichungen im übrigen Jahr sind deutlich größer und sie erreichen im Mai ihr Maximum mit 3,5 K.

Die Standardabweichungen der Monatsmittelwerte sind mit Werten zwischen 0,8 und 1,4 K relativ gleichmäßig über das Jahr verteilt. Das bei der Lufttemperatur gefundene winterliche Maximum (vgl. Tab. 3.2) kann nicht bestätigt werden. Die Ursache liegt in diesem Fall in der Limitierung des Wertebereichs durch die Gefriertemperatur des Wassers, was die im Winter bei der Lufttemperatur vereinzelt vorkommenden deutlichen negativen Abweichungen vom Mittel verhindert.

Ähnliche Aussagen können auch für die Zingster Daten getroffen werden (Tab. 3.4). Im Bodden tritt das Jahresminimum bereits im Januar ein. Der nachfolgende Temperaturanstieg erfolgt rascher als am Strand, so dass im Mai ein Temperaturüberschuss von 3,3 K erreicht ist. Dieses höhere Niveau von etwa 3 K bleibt den ganzen Sommer erhalten, bevor sich ein rascher Temperaturabfall im Herbst anschließt. Über das ganze Jahr gemittelt liegt das Temperaturniveau im Bodden 0,6 K über dem in der ufernahen Zone des Meeres in Zingst.

Die monatlichen Werte der Standardabweichungen zeigen sowohl für die Ostsee als auch für den Bodden deutlich höhere Werte in der Zeit der stärksten Erwärmung sowie im Spätsommer und Herbst.

Tabelle 3.3: Mittlere Wassertemperaturwerte T_W für die Ufernahe Zone (UnZ) der Ostsee (Travemünde) und die Offene See (Gedser Rev) für den Zeitraum 1897-2004. Zeitreihen reduziert, s. Text

Mittelungs-periode	Ufernahe Zone		Offene See		Differenz UnZ-See	Mittelungs-periode
	T_W / °C	s / K	T_W / °C	s / K	Δ / K	
Januar	2,2	1,3	2,3	-0,1	1,0	
Februar	1,8	1,2	1,3	0,5	1,1	
März	2,8	1,4	1,6	1,2	1,3	
April	6,3	1,1	4,0	2,3	1,1	
Mai	11,5	1,0	8,0	3,5	1,0	
Juni	15,7	1,0	12,9	2,8	1,0	Monat
Juli	17,8	1,4	15,9	1,9	1,3	
August	17,9	1,3	16,4	1,5	1,3	
September	15,4	1,1	14,7	0,7	1,2	
Oktober	11,7	0,8	11,6	0,1	0,9	
November	7,5	0,9	8,0	-0,5	0,8	
Dezember	4,3	1,1	4,7	-0,4	1,0	
Jahr	9,6	0,7	8,5	1,1	0,6	Jahr
Frühjahr	6,8	1,1	4,5	2,3	1,1	
Sommer	17,1	1,0	15,0	2,1	0,9	
Herbst	11,5	0,7	11,5	0,0	0,8	Jahreszeit
Winter	2,8	1,0	2,8	0,0	0,9	
Saison (MJJAS)	15,7	0,8	13,6	2,1	0,8	Saison

Tabelle 3.4: Aus Tageswerten (08 Uhr MEZ) berechnete Grunddaten der Wassertemperatur T_W in °C für Zingst-Strand (Ostsee; O) und Zingst-Hafen (Bodden; B) für den Zeitraum 1994-2003

Station	Größe	Jan.	Feb.	Mär.	Apr.	Mai	Jun.	Jul.	Aug.	Sep.	Okt	Nov.	Dez.	Jahr
Zingst-Strand (Ostsee)	T_W	2,4	2,3	3,2	6,3	11,0	14,8	16,8	17,7	15,2	11,4	7,3	3,9	9,4
	s / K	0,2	0,3	0,4	1,5	1,2	0,9	0,6	0,4	1,3	1,1	1,2	1,2	
	Abs. Max.	6,2	5,8	6,2	12,2	16,5	19,2	23,0	23,8	20,7	15,1	11,8	9,8	23,8
	m. m. Max.	4,0	4,1	5,1	9,5	14,4	17,4	19,7	20,1	17,5	14,0	10,1	6,9	
	abs. Min.	-0,8	-0,5	-0,5	-0,3	6,5	10,9	12,8	12,7	10,2	6,5	1,0	-1,0	-1,0
	m. m. Min.	0,6	0,6	1,5	9,5	8,1	12,0	14,4	15,1	12,1	8,8	4,5	1,2	
Zingst-Hafen (Bodden)	T_W	1,4	2,0	3,5	8,2	14,3	17,4	19,7	20,2	15,5	10,2	4,9	1,8	10,0
	s / K	0,3	0,3	0,9	2,2	1,0	0,5	0,9	1,0	1,5	1,7	1,4	1,0	
	Abs. Max.	6,1	6,9	11,2	17,0	20,4	23,2	25,7	26,6	24,4	15,2	11,2	7,8	26,6
	m. m. Max.	3,3	4,1	6,9	13,3	18,0	21,5	23,0	22,9	16,4	14,0	8,3	4,7	
	abs. Min.	-0,5	-0,6	-0,2	0,9	7,8	12,8	13,5	14,0	8,4	1,0	0,0	-0,5	-0,6
	m. m. Min.	-0,2	0,2	1,3	4,5	10,7	14,0	16,2	16,9	12,2	6,3	2,0	-0,1	
ΔT_W B-O	/ K	-1,0	-0,3	0,3	1,9	3,3	2,6	2,9	3,1	0,3	-1,2	-2,4	-2,1	0,6
Δs B-O	/ K	0,0	0,0	0,5	0,7	-0,2	-0,4	0,3	0,6	0,2	0,6	0,2	-0,1	

In Abb. 3.10 ist der mittlere Jahresgang für die beiden Standardreihen dargestellt. Man erkennt die thermische Bevorzugung der Uferzone in den meisten Monaten ebenso wie die Phasenverschiebung zwischen beiden Reihen. Beiden Messpositionen gemeinsam sind die signifikant höheren Temperaturen der zweiten Jahreshälfte. Der Temperaturüberschuss beträgt für die ufernahe Zone 5,2 K (Zingst 5,3 K), für die Offene See sogar 6,8 K. Diese Werte sind deutlich höher als die entsprechenden Werte für die Lufttemperatur.
Häufigkeitsverteilungen für die Jahres- und Jahreszeitenwerte der beiden Standardreihen enthält die Abb. 3.11. Alle Verteilungen zeigen mehr oder weniger große Abweichungen zu den Normalverteilungen, die den jeweiligen Mittel- und Streuungswerten entsprechen. Die Vertei-

lungen der Jahreswerte sind unregelmäßig und deuten auf die Überlagerung verschiedener Normalverteilungen hin.

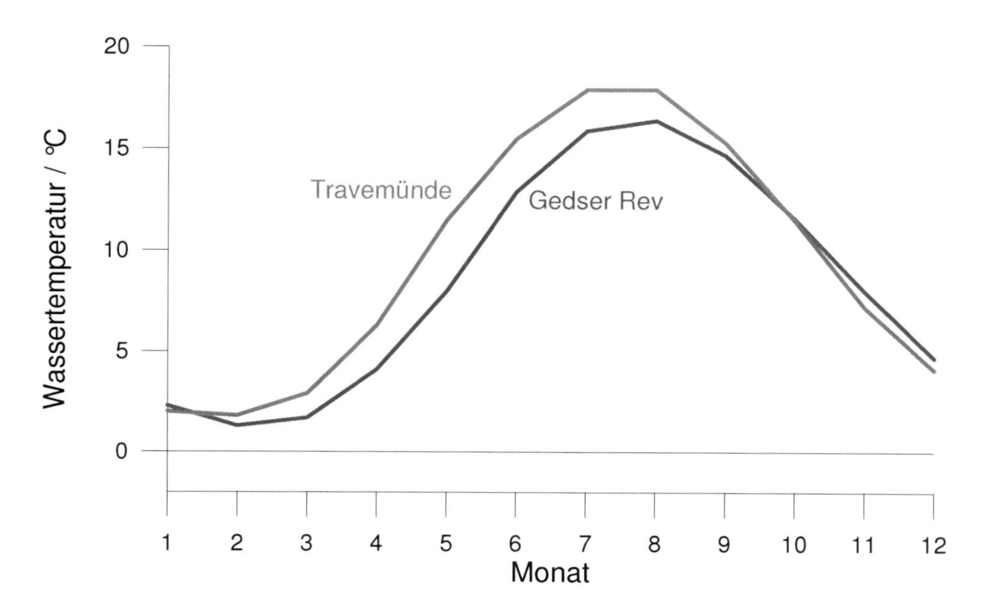

Abbildung 3.10: Jahresgang der Monatswerte der Wassertemperatur für die Ufernahe Zone der Ostsee (Travemünde, rot) und die Offene See (Gedser Rev, blau) für 1897-2004. Reihen reduziert, s. Text

Die Abweichungen von den zugehörigen Normalverteilungen sind für beide Reihen im Winter und mit Einschränkungen im Herbst am geringsten. Generell ist auffällig, dass sich die Häufigkeitswerte der Klassen jeweils höherer Temperaturen den Gaußverteilungen besser anpassen als die Häufigkeitswerte der Klassen mit niedrigeren Temperaturen. Dieser Effekt ist insbesondere im Sommer auf das relativ häufige Aufquellen von kühlerem Tiefenwasser an der Küste zurück zu führen (vgl. Abb. 3.17).

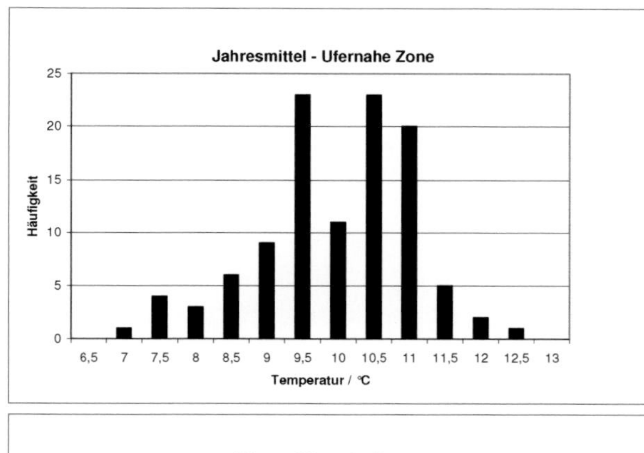

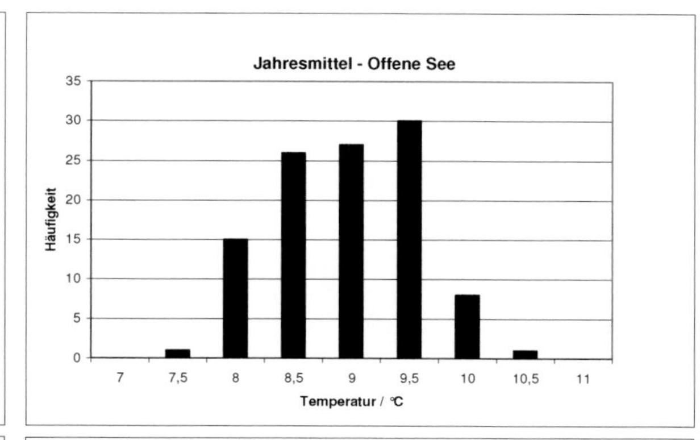

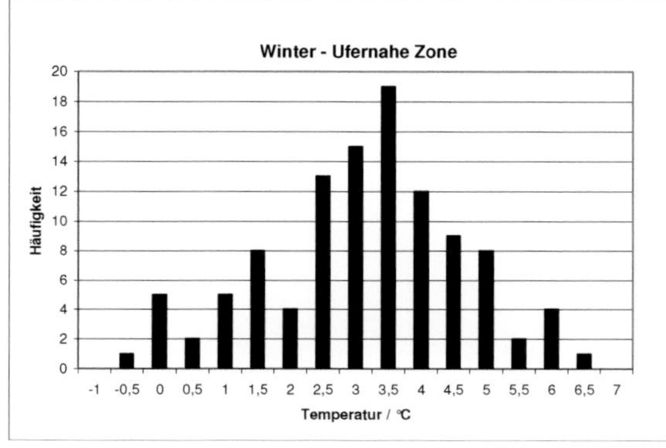

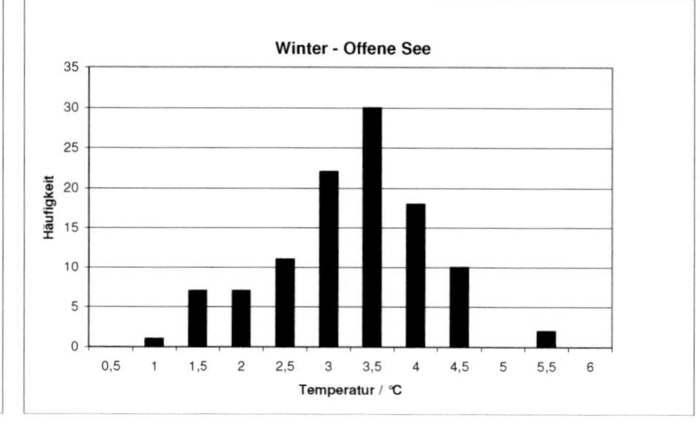

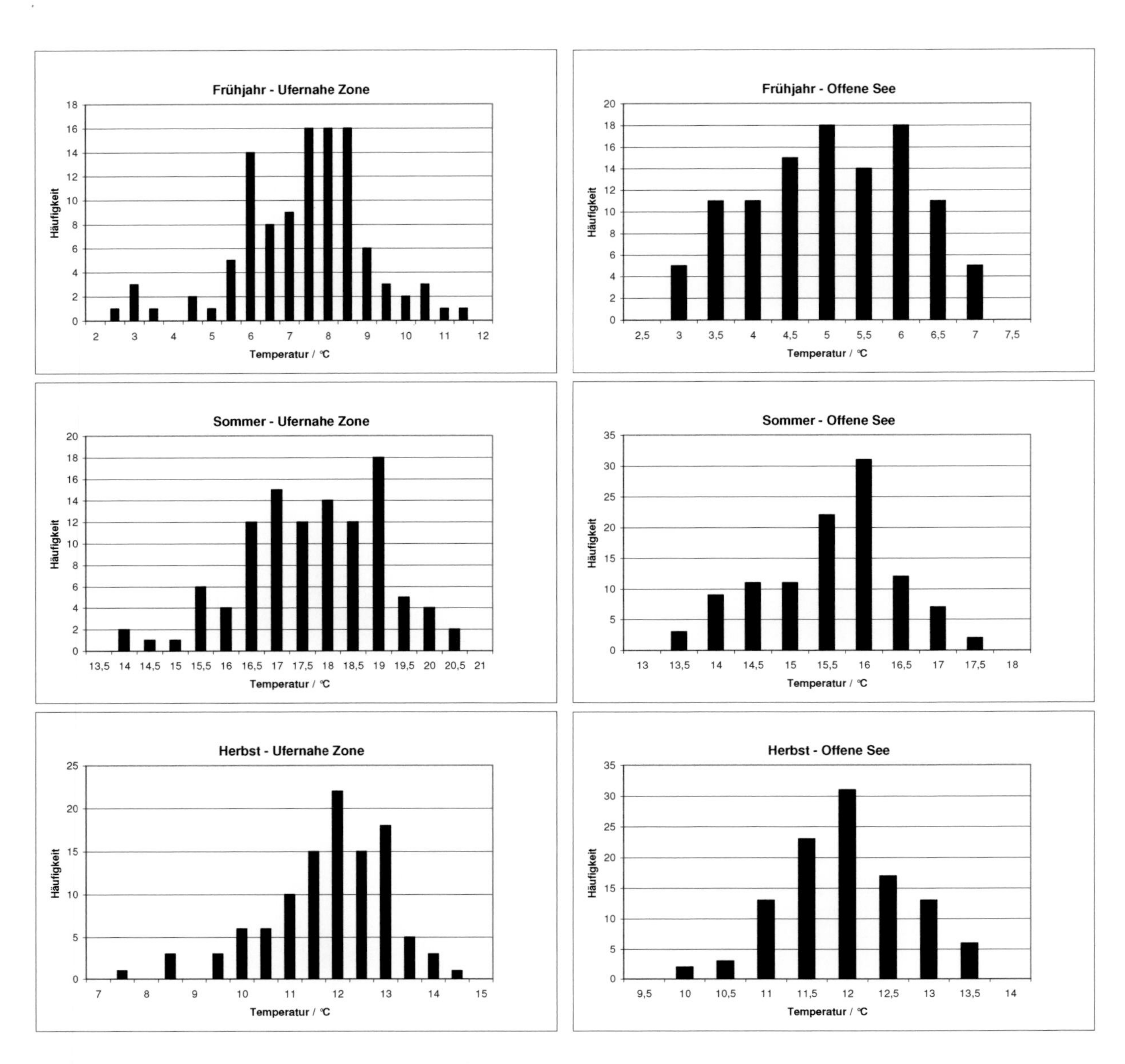

Abbildung 3.11: Verteilungen der absoluten Häufigkeit der Jahres- und Jahreszeitenwerte der Wassertemperatur für die Ufernahe Zone der Ostsee (Travemünde, links) und der Offenen See (Gedser Rev, rechts) 1879-2004, Reihen reduziert, s. Text

Die Abb. 3.12 enthält die Energiedichtespektren der Wassertemperaturen in der Ufernahen Zone und in der Offenen See. Die Spektren sind in ihrer Struktur erwartungsgemäß ähnlich und zeigen nur relativ geringe Unterschiede. Von hohen Werten bei Perioden um 2 Jahre streben die Kurven einem ausgeprägten Minimum bei einer Periode von weniger als 4 Jahren (Ufernahe Zone) bzw. ca. 3 Jahren (Offene See) zu. Von da ab nehmen die Energiedichtewerte wieder zu und repräsentieren so den Einfluss langfristigerer Änderungen der Wassertemperatur. Die Kurven erreichen Maxima bei einer Periode von ca. 20 Jahren und verbleiben von da ab auf hohem Niveau. Die aus den Spektren hervorgehende Dominanz vieljähriger Schwankungsanteile in den Reihen der Wassertemperatur wird durch die Existenz der Trendwerte über 100 Jahre bestätigt (s. Kapitel 6).

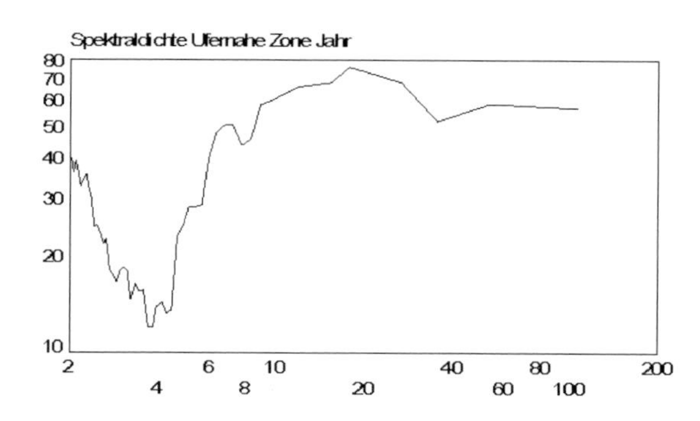

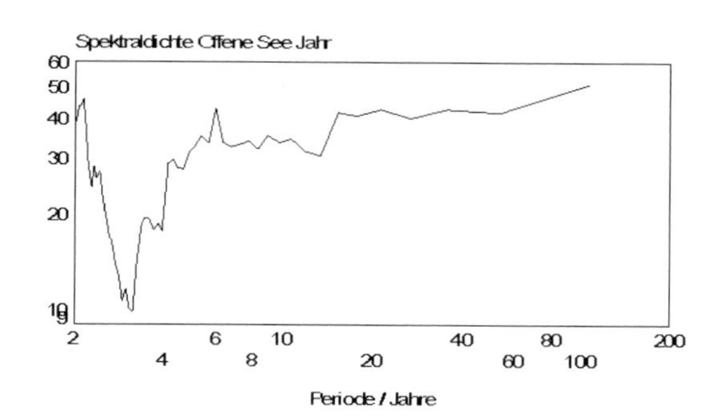

Abbildung 3.12: Energiedichtespektren der Jahreswerte der Wassertemperatur für die Ufernahe Zone der Ostsee (Travemünde, links) und für die Offene See (Gedser Rev, rechts) für 1897-2004. Zeitreihen reduziert, s. Text. Verschiebungslänge: 9. Filter: Hamm-Tukey

Die Jahresverteilung der Tageswerte der Wassertemperaturen (Zingster Reihen) verdient besondere Aufmerksamkeit (Abb. 3.13). Zunächst erkennt man, dass ab Ende März die Temperaturkurve für den Bodden deutlich stärker ansteigt. Im September unterschreitet die Boddenkurve wieder die für die Ostsee, da sich der kleine Wasserkörper des Boddens (flach und meist gut durchmischt) schneller abkühlt. Beiden Kurven ist auch bei Mittelung über 10 Jahre gemeinsam, dass sie überhaupt keinen ausgeglichenen Verlauf, sondern eine ausgeprägte Variabilität in jeder Jahreszeit zeigen. Ein Teil der Variabilitätsstruktur bildet möglicherweise die bekannten Singularitäten im Verlauf der Lufttemperatur ab, was besonders in der Bodden-Kurve zum Ausdruck kommt. In diesem Zusammenhang wird nochmals auf die Werte der monatlichen Standardabweichungen der Tageswerte in Tab. 3.3 verwiesen.

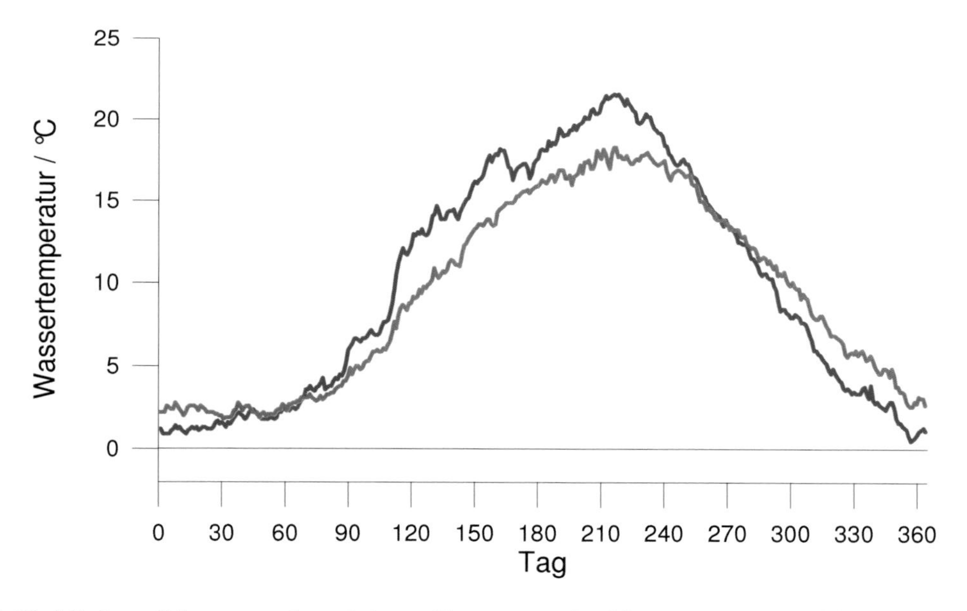

Abbildung 3.13: Mittlerer Jahresgang der mittleren Tageswerte der Wassertemperatur (08 Uhr MEZ) für Zingst-Strand (Ostsee, rot) und Zingst-Hafen (Bodden, blau) für 1994-2003

In den Häufigkeitsverteilungen der Tageswerte (Abb. 3.14) sind wiederum die Randklassen am stärksten besetzt. Dabei treten die maximal besetzten Klassen der niedrigsten Temperaturen deutlich hervor.

Die Ursachen für die interdiurne Veränderlichkeit der Wassertemperatur in beiden Gewässertypen sind in wetterbedingten kurzzeitigen Veränderungen der Komponenten des Wärmehaushaltes und in der Advektion unterschiedlich temperierter Wassermassen zu den jeweiligen

Messpunkten zu suchen. Das Ansprechen der Wassertemperatur auf die erste Ursachengruppe hängt nicht zuletzt von der jeweiligen Lage des Messpunktes ab. Zu den advektiv bedingten Änderungen der Wassertemperaturen gehört zum einen der horizontale Transport von Oberflächenwasser und zum anderen der Auftrieb von unterschiedlich temperiertem, meist kühlerem Tiefenwasser. Es kann angenommen werden, dass für die Temperaturvariabilität im Bodden vor allem Wettereffekte verantwortlich sind. Es hat den Anschein, dass unter den gegebenen Lagebedingungen bei Zingst (Strand) die Wassertemperatur träger auf wetterhafte Störungen des Wärmehaushaltes reagiert als die des Boddens. Die flachen Bodden sind im Allgemeinen ungeschichtet, d.h. gut durchmischt, so dass der Auftrieb von unterschiedlich temperiertem Tiefenwasser nicht in Betracht gezogen werden kann. Eine thermisch spürbare Oberflächenadvektion dürfte sehr selten sein, da der Messpunkt weitab von den schmalen Verbindungen zur Ostsee und Flussmündungen liegt.

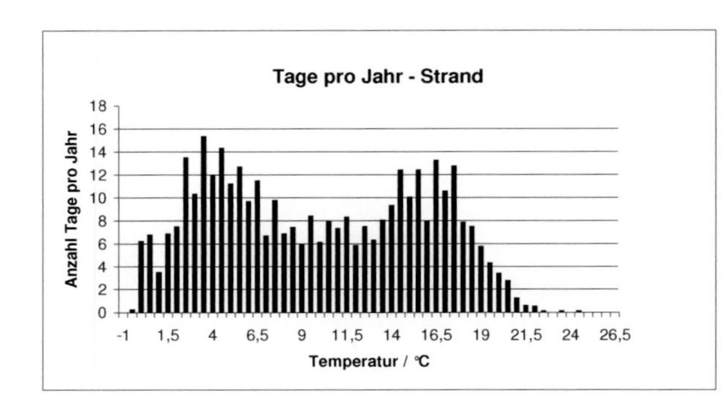

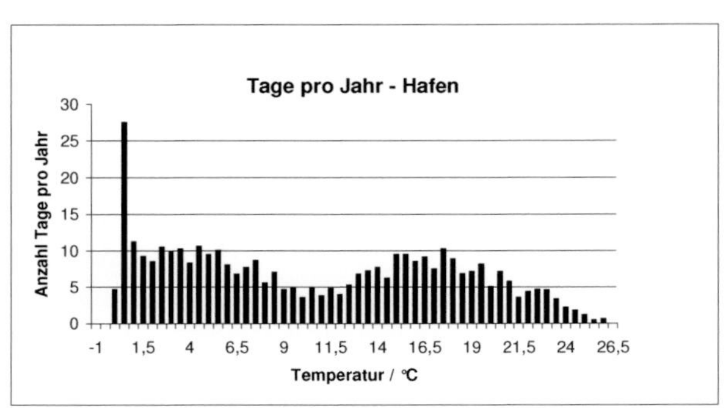

Abbildung 3.14: Verteilungen der absoluten Häufigkeit der mittleren Tageswerte der Wassertemperatur (08 Uhr MEZ) für Zingst-Strand (Ostsee, links) und Zingst-Hafen (Bodden, rechts) für 1994-2003

In Abb. 3.15 ist als Beispiel für einen individuellen Jahresgang der Wassertemperatur auf der Grundlage von gemessenen (a) und berechneten (b) Tageswerten der Gang für das Jahr 1994 dargestellt. Die Wärmeflüsse im Modell beschreiben MÜLLER-NAVARRA und LADWIG (1997). Von April bis etwa Mitte August des Beispieljahres sind starke Fluktuationen der Wassertemperatur charakteristisch. Die starke Abnahme um 10 K (Bodden) bzw. um 5 K (Brückenkopf) ist wetterbedingt. Danach verlaufen die beiden Kurven ohne größere Unterschiede mit wesentlich geringerer Streuung nahezu auf gleichem Niveau. Die Variationen auf der See-Seite dürften zum Teil, besonders bei gegensinnigen Änderungen im Vergleich zur Bodden-Seite, auf den Auftrieb von unterschiedlich temperiertem Tiefenwasser zurückzuführen sein.

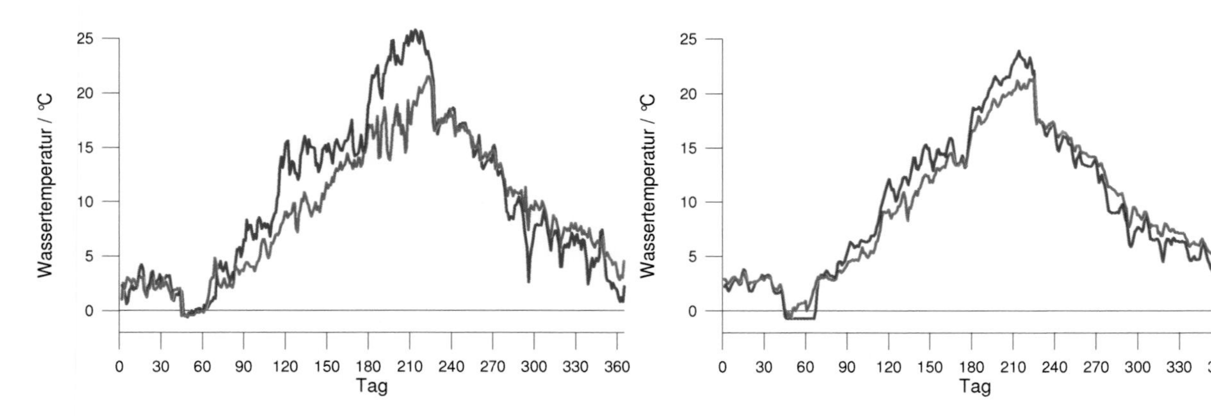

Abbildung 3.15a: Jahresgang der Tageswerte der Wassertemperatur für Zingst-Strand (Ostsee, rot) und Zingst-Hafen (Bodden, blau) in °C für das Jahr 1994

Abbildung 3.15b: Wie 3.15a, aber modellierte Werte des Nord- und Ostsee-Modells des Bundesamtes für Seeschifffahrt und Hydrographie Hamburg

Bei der Analyse der Wassertemperaturen stellt sich die Frage, inwieweit die eben aufgeführten Phänomene, Auftrieb von unterschiedlich temperiertem Tiefenwasser sowie die thermischen Unterschiede zwischen offener See und inneren Gewässern, modelliert werden können. Das Bundesamt für Seeschifffahrt und Hydrographie betreibt ein operationelles Modell für die Nord- und Ostsee, das Meeresströmungen, Wasserstände, Wassertemperatur, Salzgehalt und Eisbedeckung simuliert (DICK et al. 2001). Für den interessierenden Bereich der Westlichen Ostsee beträgt die horizontale Auflösung des Modells 1,7 km.
Dem Modell wurden die Zeitreihen dieser Größen für die beiden Gitterpunkte, die den Stationen Zingst-Brückenkopf sowie Zingst-Hafen entsprechen, entnommen. Für das Vergleichsjahr 1994 ergibt sich der in der Abb. 3.15b dargestellte Jahresgang der Wassertemperatur auf der Basis von Terminwerten. Rein visuell ergibt sich ein erstaunlich ähnliches Bild im Vergleich zu den Beobachtungen. Unterschiede sind nur im Detail auszumachen. So ist der Unterschied im Frühjahr und Sommer zwischen Bodden und Außenküste im Modell etwas geringer als in den Beobachtungswerten. Des Weiteren scheint im Modell die interdiurne Variabilität geringer zu sein, als bei den Beobachtungswerten.
Im gesamten Zeitraum 1994-2004 beträgt der mittlere Fehler (Modell minus Beobachtung) an der Station Brückenkopf 0,6 K, d.h. das Modell liefert etwas zu hohe Werte. Das betrifft das Sommerhalbjahr, während im Winter etwas zu geringe Werte simuliert werden. Die Standardabweichung des mittleren Fehlers hat den Wert von 2,9 K. Für die Bodden-Station Zingst-Hafen wird ein mittlerer Modellfehler von -0,1 K berechnet und die Standardabweichung des mittleren Fehlers beträgt hier 1,8 K. Zusammenfassend kann festgestellt werden, dass die numerischen Modelle einen Gütegrad erreicht haben, der es erlaubt, thermische Effekte bei Bedarf realistisch zu berechnen. In Abb. 3.16 sind auf Tageswerten der ufernahen Wassertemperatur basierende Jahresgänge für die Station Warnemünde dargestellt. In dieser Darstellung erkennt man um die Zeit des Temperaturmaximums ausgeprägte Fälle von Temperaturrückgang, aber auch anomale Temperaturzunahmen im Winter zur Zeit des Temperaturminimums.

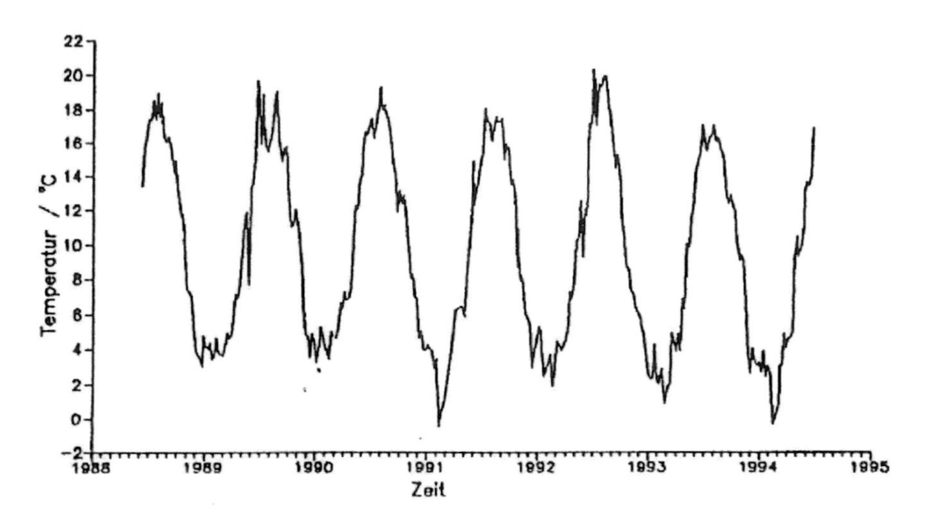

Abbildung 3.16: Jahresgänge der Tageswerte der Wassertemperatur von Warnemünde (nach KAISER et al. 1995)

Angaben zu Auftriebsepisoden an den Küsten der Ostsee findet man vornehmlich in der älteren Literatur (KRÜMMEL 1911, BRÜCKMANN 1919, SCHOTT 1924). So wird berichtet, dass schon A. v. HUMBOLDT im Sommer 1834 an der Küste zwischen Leba (Łeba) und Rixhöft (Rozewie) Wassertemperaturen von 11 °C bis 12 °C beobachtete, während an den umliegenden Küstenabschnitten Werte von 22 °C bis 23 °C auftraten. KORTUM und LEHMANN (1997) haben diesen

historischen Fall untersucht und kamen zu dem Schluss, dass es sich um ein Auftriebsereignis handelte.
Erst durch die routinemäßige Analyse von Satellitendaten und daraus abgeleiteter Felder der SST konnte erkannt werden, dass es je nach Windrichtung an den Küsten der Ostsee häufig zum Auftrieb von Tiefenwasser kommt (SIEGEL et al. 1994). Seit einigen Jahren haben die operationellen Ostseemodelle (zum Modell des Bundesamtes für Seeschifffahrt und Hydrographie s. DICK et al. 2001) eine Qualität und Auflösung erreicht, dass der Auftrieb hinreichend gut simuliert werden kann (MÜLLER-NAVARRA und LADWIG 1997, LEHMANN et al. 2002). Insgesamt sind die thermischen Effekte des Auftriebs von Tiefenwasser an der deutschen Ostseeküste aber bisher wenig untersucht (s. Abschnitt 2.4, HUPFER 1974).
Ein Augenblicksbild der Verteilung des kalten Wassers während einer sommerlichen Auftriebslage vermittelt Abb. 3.17 (s.a. TINZ und HUPFER 2005b). Die aus Satellitendaten bestimmte Situation am 10.08.2004 markiert den Höhepunkt der Episode, die insgesamt 10 Tage andauerte. Die Temperaturen lagen in einem breiten, der Küste vorgelagerten Streifen bis >10 K unter denen der nicht betroffenen Bereiche. Westlich von Hiddensee wurden die niedrigsten Wassertemperaturen registriert. Hier betrugen die Werte nur etwa 10 °C, während im ungestörten Gebiet 20-22 °C, in den inneren Gewässern sogar 24 °C herrschten.
Zu derartigen vertikalen Umschichtungen kommt es, wenn unter der Wirkung des Windes ein entsprechend den Tiefenverhältnissen modifizierter Ekman-Prozess einsetzt. Unter den gegebenen geographischen Bedingungen kommt es zur Auslösung von Auftrieb bei Windrichtungen aus Nordost. Die thermischen Effekte sind im Sommer größer als im Winter, wenn die (durch die Salzgehaltsverteilung stabilisierte) Zunahme der Wassertemperatur mit der Tiefe nur gering ist. In der warmen Jahreszeit kann es zu plötzlichen starken Rückgängen der Wassertemperatur in Ufer- und Küstennähe kommen, oft unter den Bedingungen starker Einstrahlung und hoher Lufttemperaturen.

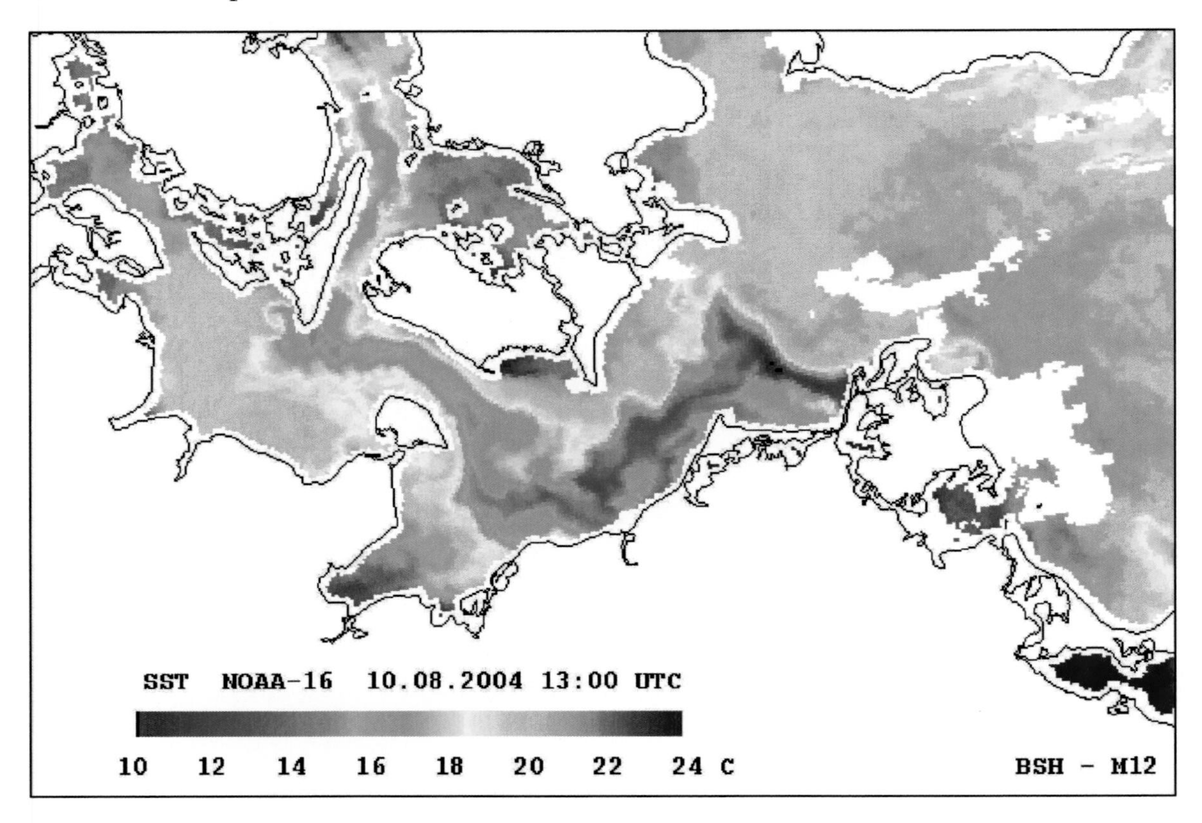

Abbildung 3.17: Oberflächenwassertemperatur in °C vom 10. August 2004, 13.00 UTC, abgeleitet von NOAA17-Daten. Quelle: Bundesamt für Seeschifffahrt und Hydrographie Hamburg und Rostock

3.5 Differenz Wasser- minus Lufttemperatur

Für das Strandklima spielen die Differenzen zwischen Wasser- und Lufttemperatur eine wichtige Rolle. Diese Größe bestimmt nicht nur zusammen mit der Windgeschwindigkeit den fühlbaren Wärmestrom zwischen Meer und Atmosphäre, sondern auch das Bioklima des Übergangsgebietes zwischen Land und Meer.
Den mittleren Jahresgang dieser Größe auf der Grundlage der Differenz von Monatsmittelwerten für die Standardreihen „Ufernahe Zone“ und „Offene See“ zeigt Abb. 3.18. Mit Ausnahme der Monate März, April und Mai treten ausgeprägte positive Temperaturdifferenzen bis fast 3 K auf. Besonders in den Spätsommer- und Herbstmonaten wird die „Heizwirkung“ des Meeres deutlich.

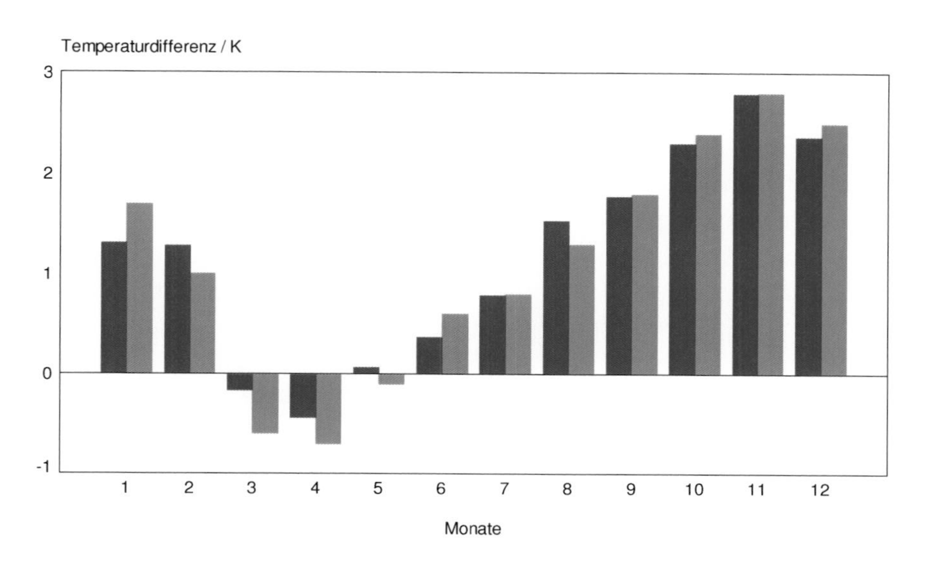

Abbildung 3.18: Jahresgang der mittleren monatlichen Differenz Wassertemperatur – Lufttemperatur Warnemünde für die Ufernahe Zone der Ostsee (Travemünde, grün) und die Offene See (Gedser Rev, blau) für 1897-2004. Reihen reduziert, s. Text

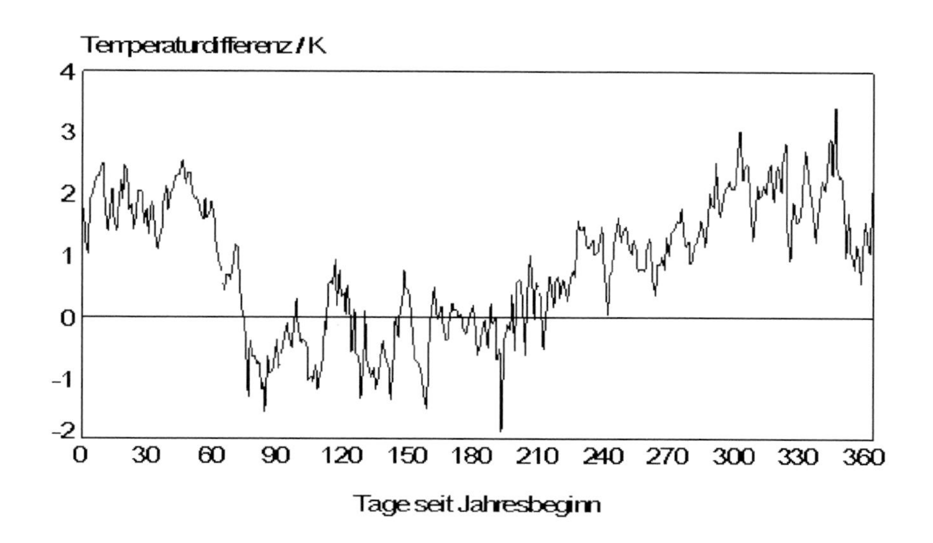

Abbildung 3.19: Jahresgang der mittleren Tageswerte der Differenz Wassertemperatur Zingst-Brückenkopf – Lufttemperatur von Warnemünde für 1994-2003

Bildet man die entsprechenden Differenzen Wassertemperatur minus Lufttemperatur für die Tageswerte (Zingst-Strand und Warnemünde), so tritt eine stark ausgeprägte Veränderlichkeit dieser Größe selbst bei Mittelung über 10 Jahre in Erscheinung (Abb. 3.19). Damit wird deutlich, dass die das Reizklima „Ostseeküste“ mitbestimmende Temperaturdifferenz von Tag zu Tag sich ändern kann. Aus der in Abb. 3.19 enthaltenen Kurve geht hervor, dass zwischen März und Jahresmitte leichte negative Abweichungen (< 1 K) und sonst positive Anomalien (1 ... 2 K) auftreten. Entsprechende Änderungen kommen auch innerhalb eines Tages vor.

3.6 Zahl der Badetage

Für die bioklimatische Bewertung eines Küstenabschnittes und dessen touristische Attraktivität ist die Frage von Bedeutung, an wie vielen Tagen im Jahr in der ufernahen Zone des Meeres gebadet werden kann.
In Anlehnung an die Ergebnisse früherer Arbeiten (RODEWALD 1952, HUPFER 1962, MÜLLER-NAVARRA UND LADWIG 1997 sowie TINZ 2000) und unter Berücksichtigung des vorliegenden Beobachtungsmaterials wird hier jeder Tag als Badetag gezählt, wenn zum 08.00 Uhr MEZ-Termin die Wassertemperatur in der ufernahen Flachwasserzone 15 °C erreicht oder überschreitet. Die Wahl dieses niedrigen Schwellenwertes ist gerechtfertigt, wenn berücksichtigt wird, dass die Wassertemperatur in der ufernahen Zone der Ostsee im Normalfall (Einstrahlung, auflandiger Wind: „Badewetter“) einen beträchtlichen Tagesgang mit einer Schwankungsbreite von einigen K aufweist, der das Minimum in den frühen Morgenstunden und das Maximum am späten Nachmittag aufweist (vgl. Kapitel 2). Ausnahmen bestehen bei ablandigem sowie küstenparallelem Wind mit Richtungskomponenten, die bei Blick zum Meer von rechts nach links gerichtet sind (Auftriebswindrichtungen). Betrachtet wird die Gesamtzahl der so definierten Badetage je Monat oder je Jahr. Die Zeitspanne zwischen dem Auftreten des ersten bis zum letzten Badetag eines Jahres kann als Badesaison bezeichnet werden. Zur Verfügung stehen hier die Beobachtungsreihen „Badetage Ufernahe Zone“ und „Badetage Offene Ostsee“, die beide für den Zeitraum 1951-2000 ermittelt worden sind (vgl. Abschnitt 3.4).
Aus den Angaben in der Tab. 3.5 geht hervor, dass in den Monaten Mai und Oktober nur wenige Badetage vorkommen, so dass die Badesaison generell die Monate Juni bis September umfasst, wobei in den Monaten Juli und August oft die Höchstzahl der möglichen Badetage erreicht wird. Für die ufernahe Zone der Ostsee kann mit knapp 100 Badetagen im Jahr gerechnet werden. Demgegenüber beträgt der zu Vergleichszwecken angegebene Wert für die offene See nur 63 Tage. Im Juni und September, d.h. in den Monaten, in denen die größten Variationsmöglichkeiten für diese Größe bestehen, ist die Standardabweichung am höchsten. Gleichzeitig weisen beide Monate an der Küste eine vergleichbare mittlere Zahl von Badetagen auf, während auf der offenen See im ersten Herbstmonat doppelt so viele Badetage auftreten.

Tabelle 3.5: Zahl der Badetage in der Ufernahen Zone (Travemünde) und der Offenen See (Gedser Rev) für den Zeitraum 1951-2000. Zeitreihen reduziert, s. Text

Gebiet	Parameter		Mai		Juni		Juli		August		September		Oktober		Bade-saison	
Ufernahe Zone (UnZ)	Mittel / Tage			1,8		19,2		28,2		30,0		19,1		0,4		98,9
	s			2,8		6,8		4,5		2,0		8,0		0,9		15,5
	Max.	Min.	11	0	29	1	31	25	31	12	30	1	4	0	126	62
Offenes Meer (OS)	Mittel / Tage			0		5,2		21,9		25,8		10,7		0,1		62,8
	s			-		3,6		8,5		4,5		7,6		0,2		17,9
	Max.	Min.	0	0	14	0	31	1	31	9	30	0	1	0	102	18
UnZ-OS	Tage			1,8		14,0		6,3		4,2		8,4		0,3		35,1

Die mittlere tägliche Wahrscheinlichkeit des Auftretens eines Badetages (Abb. 3.20) schwankt im Sommerhalbjahr zwischen 0 und 100 % (Travemünde) bzw. 0 und 90 % (FS Gedser Rev). Der früheste Termin des Auftretens eines Badetages ist der 09.05. bzw. der 01.06. und der späteste Termin ist der 09.10./05.10. Die höchsten Wahrscheinlichkeiten des Auftretens von Badetagen liegen im Bereich von Ende Juli bis Mitte August. Interessant ist die Tatsache, dass der Herbstmonat September dem Sommermonat Juni im Hinblick auf die Wassertemperatur im Mittel gleichwertig ist.
Es deutet sich eine schwach ausgeprägte Zweigipfligkeit der Kurve an, wie sie auch bei den mittleren täglichen Wärmesummen von Rostock-Warnemünde auftritt, die TIESEL (1995) zur thermischen Charakterisierung des Sommers im Küstengebiet nutzt.

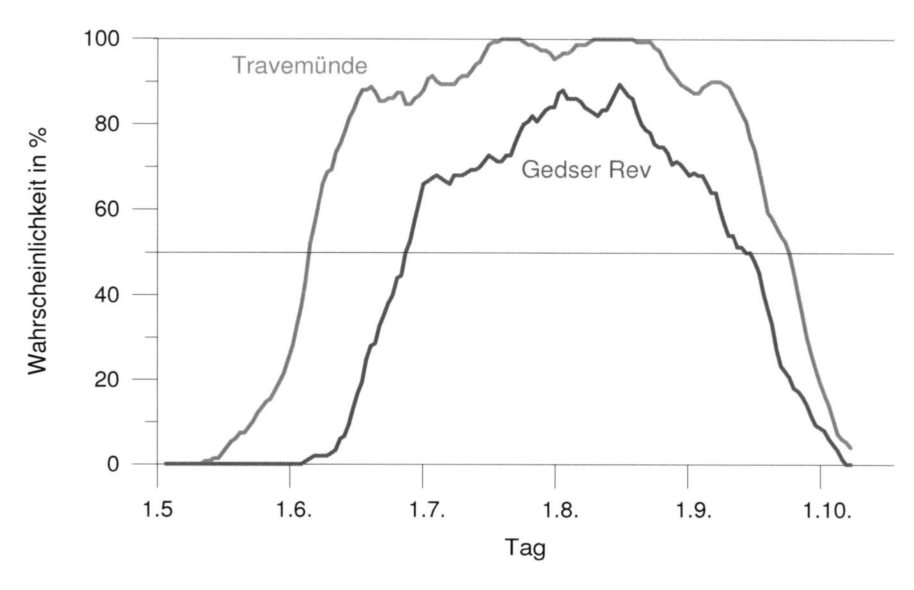

Abbildung 3.20: Mittlere tägliche Wahrscheinlichkeit (fünftägig übergreifendes Mittel) des Auftretens eines Badetages in %. Rot: Travemünde (1947-2005), blau: Feuerschiff Gedser Rev (1897-1976).

In Abb. 3.21 sind die Häufigkeitsverteilungen der Zahl der Badetage für 1897-2004 für die Ufernahe Zone der Ostsee und die Offene See dargestellt. Ähnlich wie bei der Wassertemperatur sind die Werte der Besetzung der Klassen mit größerer Anzahl von Badetagen eher mit der zugehörigen Normalverteilung verträglicher als die auf der anderen Seite. Das unterstreicht erneut die Bedeutung relativ niedriger Temperatur für das thermische Sommerregime der ufernahen Zone des Meeres wie auch der Offenen See.

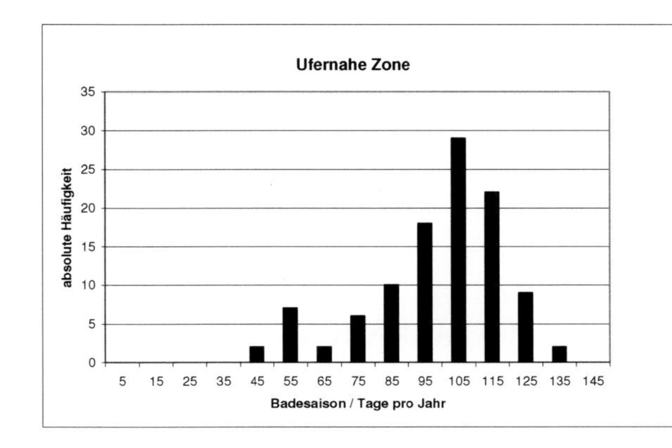

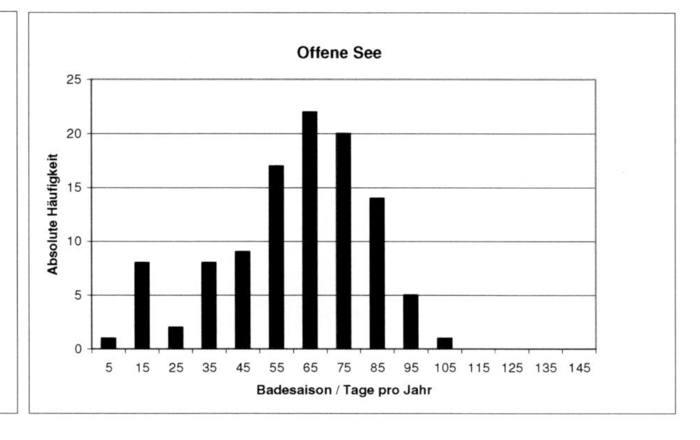

Abbildung 3.21: Verteilung der absoluten Häufigkeit der Zahl der jährlichen Badetage (s. Text) für die Ufernahe Zone der Ostsee (Travemünde, oben) und für die Offene Ostsee (Gedser Rev, unten) für 1897-2004. Die Reihen sind reduziert, s. Text

4 Bioklimatische Untersuchungen

4.1 Einführung

Die Nutzung der Uferzone der Ostseeküste für den Tourismus, die Erholung, die Regeneration und das Kurwesen hat eine lange Tradition. Bereits im Jahr 1793 gründete FRIEDRICH FRANZ I., Herzog von Mecklenburg-Schwerin, auf Anraten seines Leibarztes Prof. Dr. SAMUEL GOTTLIEB VOGEL das erste deutsche Seebad am Heiligen Damm (bei Bad Doberan). Bei der Auswahl des Ortes spielten neben der waldreichen Umgebung und der Möglichkeit der Nutzung des Meerwassers zu therapeutischen Zwecken die günstigen bioklimatischen Eigenschaften des Küstenklimas eine wichtige Rolle. Später verlagerte sich das Interesse der Besucher auf den ausgedehnten Aufenthalt am Strand (Sonnenbaden), auf das Schwimmen und Baden im Meer sowie auf sportliche Aktivitäten im und am Wasser.

Heute gehört das Küstengebiet zu den beliebtesten Tourismusgebieten in Deutschland. Die an der Ostsee liegenden Bundesländer Mecklenburg-Vorpommern und Schleswig-Holstein wiesen im Jahr 2003 mit 12,0 bzw. 7,3 Übernachtungen pro Einwohner und Jahr die höchsten Werte der Tourismusintensität in Deutschland auf (STATISTISCHES BUNDESAMT 2004). Sie liegen damit noch vor Bayern (6,2 Übernachtungen pro Einwohner und Jahr), das allerdings in absoluten Zahlen nach wie vor die meisten Touristen anzieht.

Für eine Reihe von Krankheiten sowie für die Prophylaxe bietet das Ostseeküstenklima Heilanzeigen. Nach dem DEUTSCHER BÄDERVERBAND (1988) sind das chronische Erkrankungen der Atemwege, Herz- und Gefäßerkrankungen, Hauterkrankungen, chronische Erkrankungen des Bewegungsapparates, Frauenleiden, Krankheiten im Kindesalter sowie allgemeine Schwächezustände. Dabei spielt die Möglichkeit der Verwendung des Meereswassers zu therapeutischen Zwecken (Thalassotherapie und Kneipp-Kur) eine entscheidende Rolle. Dem Kurgast und Wellness-Interessierten steht heute in den 30 Seeheil- und Seebädern entlang der Ostseeküste (Übersicht in GUNDERMANN und GUTENBRUNNER 1998) ein großes Angebot zur Verfügung.

4.2 Allgemeine Eigenschaften des Bioklimas an der Ostseeküste

Das Bioklima an der südwestlichen Ostseeküste unterscheidet sich in spezifischer Weise vom Klima des angrenzenden Binnenlandes (vgl. Kap. 3). Es kann in allen Jahreszeiten dem Reizklima zugeordnet werden (z.B. HAASE 1999). Als Reizklima wird ein Klima bezeichnet, „das starke Reize auf den Organismus, vor allem auf das vegetative Nervensystem ausübt. Diese werden durch hohe Windgeschwindigkeit, niedrige Temperaturen, große Tagesschwankungen der Temperatur, höhere UV-Strahlung u.a. verursacht" (SCHIRMER et al. 1987).

Aus der Bioklimakarte von Deutschland (JENDRITZKY et al. 2003) geht hervor, dass es im Ostseeküstengebiet gelegentlich bzw. vermehrt zu Kältereiz, aber nur selten zu Wärmebelastung kommt (Abb. 4.1). Die größere Häufigkeit von Kältereiz wird ganzjährig durch die gegenüber dem Binnenland erhöhte Windgeschwindigkeit verursacht. Im Frühjahr und Frühsommer trägt auch das niedrigere Temperaturniveau zu verstärkten Kältereizen bei, die insbesondere bei Seewind ausgeprägt sind. Detaillierte Untersuchungen zum **thermischen Wirkungskomplex** folgen in den nächsten Abschnitten.

Während in der Umgebung von Flensburg sowohl Wärmebelastung als auch Kältereiz selten auftreten, nimmt die Häufigkeit beider Klassen nach Vorpommern hin deutlich zu. Dieser Unterschied korrespondiert mit der im Abschnitt 3.2 diskutierten Zunahme der thermischen Kontinentalität nach Osten bzw. nach Südosten (vgl. Abschnitt 3.1). Der im unmittelbaren Küstengebiet küstennormal starke Gradient der meteorologischen Größen (s. Abschnitt 2.5) kann durch die geringe Stationsdichte und die Auflösung der Karte nicht wiedergegeben werden.

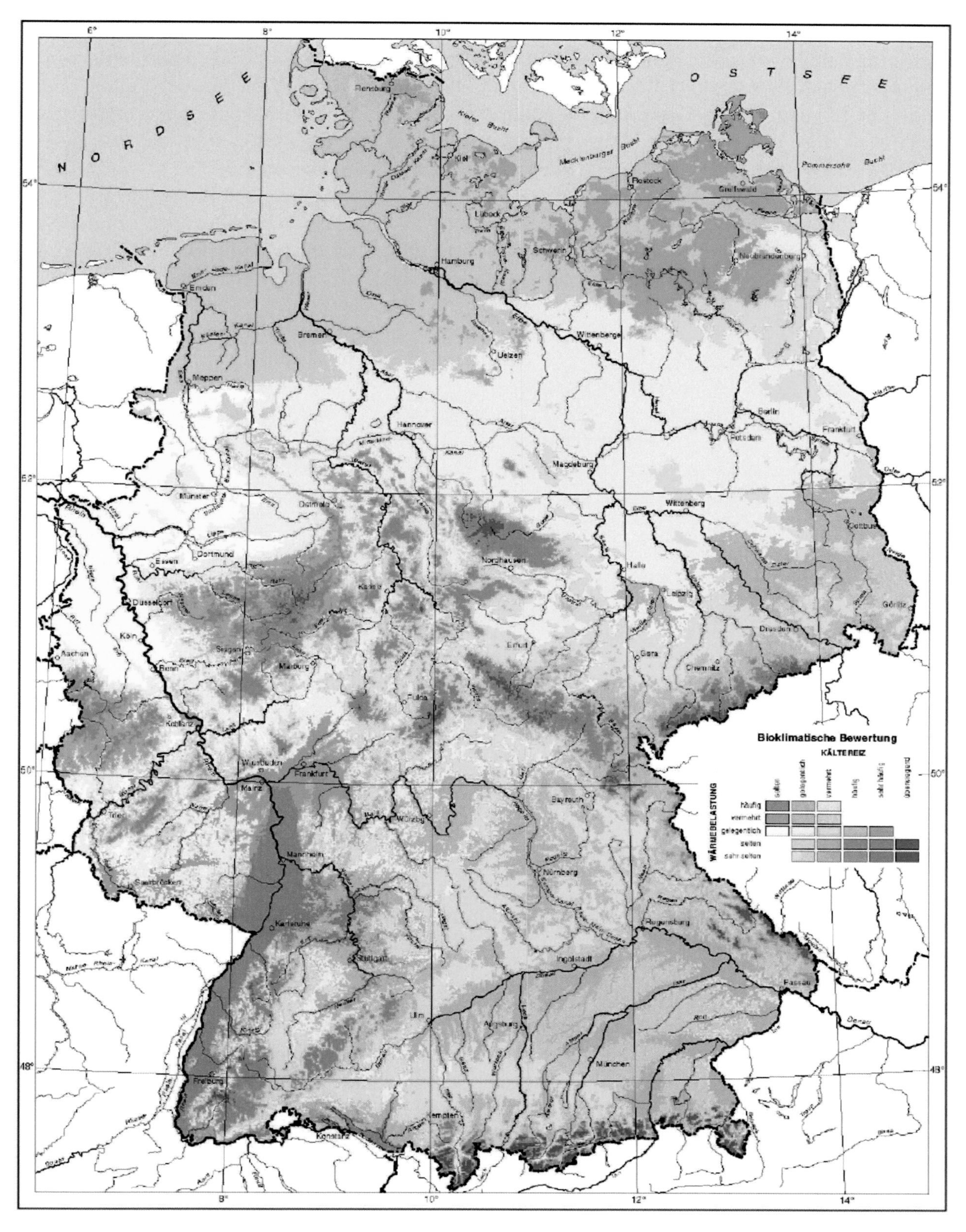

Abbildung 4.1: Bewertung der thermischen Komponente im Bioklima des Menschen für Deutschland 1971-2000 (aus JENDRITZKY et al. 2003)

An der Ostseeküste werden die höchsten jährlichen Werte der Sonnenscheindauer in Deutschland gemessen. Das gilt insbesondere für die Insel Fehmarn und die vorpommersche Küste, wo im Mittel von 1961-90 mehr als 1700 Stunden, auf Usedom sogar über 1900 Stunden pro Jahr registriert wurden (FUCHS et al. 1998). Die physiologischen Wirkungen des Lichtes auf den menschlichen Organismus (**photoaktinischer Wirkungskomplex**) sind als positiv einzuschätzen. Die ebenfalls erhöhte Ultraviolettstrahlung stellt einen Reizfaktor dar, der nur in Maßen genossen werden sollte. Dosierte UV-B-Strahlung führt zu verstärkter Pigmentbildung und initialisiert die Vitamin-D-Synthese (Mangel führt u.a. zu Rachitis). Andererseits ist eine Überdosis UV-Strahlung mit Hautschädigungen verbunden (Sonnenbrand).
Bei auflandigem Wind ist die Luft an der Küste in der Regel pollen- und schadstoffarm sowie bei Brandung mit maritimem Aerosol angereichert. Allerdings ist diese günstige bioklimatische Eigenschaft (**luftchemischer Wirkungskomplex**) auf Grund des relativ kleinen Wasserkörpers der Westlichen Ostsee nicht in Reinform ausgeprägt, wie es beispielsweise an der französischen Atlantikküste der Fall ist. Bei großräumigem Landwind unterscheidet sich die Luftqualität im Allgemeinen nicht von der des Binnenlandes.
Der Vollständigkeit halber sei noch der **neurotrope Wirkungskomplex** genannt, der sich mit den Wirkungen des Wetters auf den gesunden und den kranken Organismus befasst (Wetterfühligkeit, Wetterempfindlichkeit). Dieser diffuse und bei weitem nicht vollständig bekannte Zusammenhang dürfte auf der interessierenden Skala ähnlich sein, so dass ohnehin keine sinnvolle Differenzierung zwischen Küste und Binnenland vorgenommen werden kann. Eine ausführliche Beschreibung der biometeorologischen Wirkungskomplexe und Literaturangaben können TUROWSKI (1999) oder CHMIELEWSKI (2005) entnommen werden.
Eine herausragende Eigenschaft des Küstenklimas stellt das sich vor allem im Frühjahr und Sommer einstellende Land-Seewindsystem dar (s. Abschnitte 2.3 und 2.5). Der Seewind ist aus bioklimatischer Sicht als günstig einzuschätzen, da er im Sommer an gradientschwachen Strahlungstagen durch die Advektion kühlerer Luft Wärmebelastung verhindert. Dieser Effekt nimmt allerdings bereits in geringer Entfernung von der Uferlinie (Strand, Düne und Küstenwald) schnell ab (Abb. 2.19 und 2.20, ZENKER 1957, HUPFER und MITTAG 1989).
Somit kann festgehalten werden, dass sich das Klima an der deutschen Ostseeküste durch weitgehend fehlende Belastungsfaktoren (Hitze, Schwüle, Lichtmangel und Schadstoffbelastung der Luft) auszeichnet. Zusammen mit den dosiert wirkenden Reizfaktoren (niedrige Temperatur, UV-Strahlung und Wind) sowie den Schonfaktoren (ausgeglichene Tages- und Jahresgänge der Temperatur) werden dem menschlichen Organismus Anpassungen abverlangt, die ihn weder unter- noch überfordern. Die Anpassung erfolgt in der Regel innerhalb weniger Tage.

4.3 Die thermische Komponente im Bioklima des Menschen

4.3.1 Die Gefühlte Temperatur

Die Wirkung der Atmosphäre auf den Wärmehaushalt des Menschen hängt nicht allein von der Lufttemperatur ab. Durch die Einbeziehung weiterer meteorologischer Größen wird versucht, die tatsächlichen Bedingungen der Wärmeabgabe und damit das Wärmempfinden des Menschen besser zu beschreiben. Es entstanden zahlreiche einfache thermische Indizes (z.B. Wind-Chill-Temperatur, Heat Stress Index) mit eingeschränkter Anwendbarkeit. In den letzten Jahrzehnten wurden vollständige Wärmebilanzmodelle des Menschen entwickelt, mit denen alle relevanten Wärmeflüsse und damit die meteorologischen Größen Lufttemperatur, Windgeschwindigkeit, Luftfeuchtigkeit sowie kurz- und langwellige Strahlungsflüsse berücksichtigt werden. Des Weiteren gehen die innere Wärmeproduktion des Menschen (abhängig von der körperlichen Aktivität) sowie die Bekleidung (Widerstand für Wärmeabgabe) in die Berechnung ein. Beispiele sind das Klima-Michel-Modell (KMM) von JENDRITZKY et al. (1979,

1990), das Münchner Energiebilanzmodell für Individuen (MEMI) nach HÖPPE (1984) oder das Ray-Man Modell von MATZARAKIS (2001). Ergebnis der Modellierung ist eine Kennziffer, die die Vergleichbarkeit der thermischen Bedingungen ermöglicht.
Das nachfolgend angewandte Klima-Michel-Modell stellt den thermophysiologisch bewährten Standard des Deutschen Wetterdienstes zur Bewertung der atmosphärischen Bedingungen der Wärmeabgabe des Menschen dar (VDI 1998). Es basiert auf der Wärmebilanzgleichung für stationäre Bedingungen in Innenräumen nach FANGER (1972), die später durch einen Ansatz von GAGGE et al. (1986) erweitert wurde, um den latenten Wärmefluss besser beschreiben zu können. Das Strahlungsmodell ist in VDI (1994) dokumentiert. Damit ist die Bewertung der komplexen Bedingungen der Wärmeabgabe auch im Freien möglich.
Meteorologische Eingangsgrößen in das KMM sind die Elemente Lufttemperatur, Taupunkttemperatur, Windgeschwindigkeit, Gesamtbedeckungsgrad mit Wolken, Bedeckungsgrad mit tiefen bzw. mittelhohen Wolken, Art der tiefen, der mittelhohen sowie der hohen Wolken und der Wetterzustand, die zum Routinemessprogramm der mit Personal besetzten Wetterstationen gehören. Die Wolkengruppen und der Wetterzustand dienen zusätzlich unter Berücksichtigung der geographischen Koordinaten, der Höhenlage über dem Meer, des Datums und der Ortszeit der Parametrisierung der kurz- und langwelligen Strahlungsflüsse, die über eine mittlere Strahlungstemperatur T_{mrt} auf die Geometrie eines aufrechtstehenden Menschen bezogen wird.
Bei den durchgeführten Untersuchungen wurde die innere Wärmeproduktion von 135 W m^{-2} Körperoberfläche angenommen, die entsteht, wenn der Modellmensch mit einer Geschwindigkeit von 4 km h^{-1} geht. Bei auftretendem thermischem Diskomfort versucht der Klima-Michel selbständig durch geeignete Variation der Bekleidung im Bereich von Sommer- bis Winterbekleidung (Isolationswert der Bekleidung 0,5 bis 1,75 clo [clo = Bekleidungseinheit]) thermischen Komfort zu erreichen. Ergebnis ist die thermophysiologisch relevante Größe „Gefühlte Temperatur" (STAIGER et al. 1997, JENDRITZKY et al. 2000), die die Temperatur einer Standardumgebung (Windstille, relative Luftfeuchtigkeit = 50 %, mittlere Strahlungstemperatur = aktuelle Lufttemperatur) angibt, bei der sich die gleiche Wärmebilanz einstellt.
Für die praktische Anwendung, z.B. als Hilfsmittel für den Thalassotherapeuten, ist es sinnvoll, die abstrakte Größe Gefühlte Temperatur in ein bestimmtes thermisches Empfinden (kalt, komfortabel oder warm) bzw. die entsprechende Anforderung an das Thermoregulationssystem des Körpers (Kältestress, thermischer Komfort oder Wärmebelastung) umzusetzen. Die Zuordnung der Temperaturintervalle erfolgt in der Tab. 4.1.

Tabelle 4.1: Gefühlte Temperatur T_G und thermische Beanspruchung nach JENDRITZKY et al. (2000)

T_G in °C	Thermisches Empfinden	Thermophysiologische Beanspruchung
$T_G <= -39$	sehr kalt	extremer Kältestress
$-39 < T_G <= -26$	kalt	starker Kältestress
$-26 < T_G <= -13$	kühl	mäßiger Kältestress
$-13 < T_G <= 0$	leicht kühl	schwacher Kältestress
$0 < T_G < 20$	behaglich	Komfort möglich
$20 <= T_G < 26$	leicht warm	schwache Wärmebelastung
$26 <= T_G < 32$	warm	mäßige Wärmebelastung
$32 <= T_G < 38$	heiß	starke Wärmebelastung
$T_G >= 38$	sehr heiß	extreme Wärmebelastung

Für die in der Abb. 4.2 dargestellten Stationen wurden die Werte der Gefühlten Temperatur berechnet. Es erfolgt zunächst eine detaillierte Untersuchung an Hand der Station Warnemünde, bevor sich ein Vergleich mit den anderen Küstenstationen sowie mit der Binnenlandstation Schwerin anschließt. Die meist stündlich vorliegenden Synop-Daten (Quelle: Deutscher Wetterdienst Offenbach a.M.) umfassen den Zeitraum 1966-10/2004.

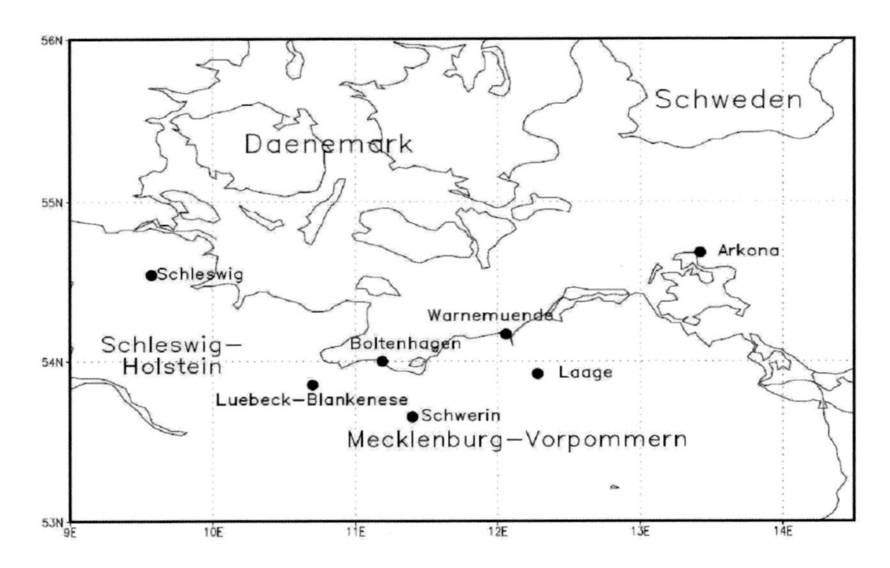

Abbildung 4.2: Lage der Stationen, für die die Werte der Gefühlten Temperatur berechnet wurden (Daten: Deutscher Wetterdienst Offenbach a.M.)

4.3.2 Detailuntersuchung Warnemünde

Die Wetterwarte Warnemünde (WMO-Kennung 10170) befindet sich an der mecklenburgischen Ausgleichsküste wenig westlich der Mündung der Warnow in die Ostsee. Das Messfeld liegt direkt an der Strandpromenade im Bereich der Dünen, die sich landseits des über 100 m breiten Strandes befinden (Abb. 4.3). Die Küste verläuft hier in westsüdwestlich-ostnordöstlicher Richtung. Diese Station spiegelt von den zur Verfügung stehenden am besten die Verhältnisse im Strandbereich wider.

Abbildung 4.3: Messfeld der Station Warnemünde (WMO-Kennung 10170) des Deutschen Wetterdienstes. Die Blickrichtung ist nach NE. Hinter der mit Strandhafer und Sträuchern bewachsenen Düne befindet sich der über 100 m breite Strand

Die Werte der Gefühlten Temperatur von Warnemünde weisen einen ausgeprägten Tages- und Jahresgang auf (Abb. 4.4). Das Minimum wird im Januar/Februar zwischen 0 und 7 UTC mit etwas unter –7 °C erreicht, während die 20 °C-Marke im Juli/August von 12 bis 13 UTC knapp überschritten wird. Im Winter tritt das tägliche Maximum bereits gegen 12 UTC ein. Es hinkt damit dem Höchststand der Sonne (gegen 11:12 UTC, 12:12 MEZ bzw. 13:12 MESZ) weniger als 1 Stunde hinterher. Im Sommer vergrößert sich die Differenz auf etwa 2 Stunden. Das tägliche Minimum wird in allen Monaten 1 bis 2 Stunden vor Sonnenaufgang erreicht. Die Amplitude des Tagesganges beträgt im Januar nur 2 K, während es im August 5 K sind. Im Jahresganges beträgt die Amplitude zu jeder Tageszeit einheitlich 8 K. Auffällig ist ein langsamer Anstieg der Werte der Gefühlten Temperatur im Frühjahr, dem ein rascher Abfall im Herbst gegenübersteht.
Im größten Teil des Jahres kann durch geeignete Wahl der Bekleidung thermische Behaglichkeit erzielt werden. In den Wintermonaten herrscht im Mittel ganztägig schwacher Kältestress vor. Dies gilt im März/April sowie im November auch für die Nachtstunden. Im Juli/August tritt am frühen Nachmittag im Mittel für 1 bis 2 Stunden schwache Wärmebelastung auf.

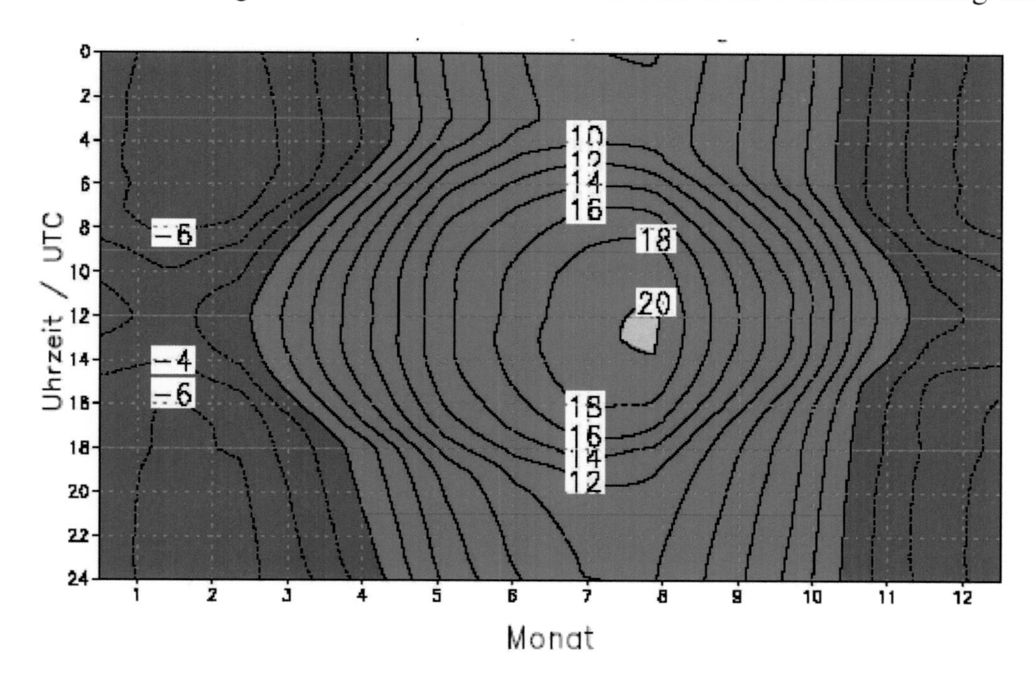

Abbildung 4.4: Isoplethendarstellung der mittleren Gefühlen Temperatur in °C von Warnemünde 1971-2000. Die Behaglichkeitsklassen sind wie folgt markiert: Blau = schwacher Kältereiz, grün = thermische Behaglichkeit und gelb = leichte Wärmebelastung

Bei der Lufttemperatur kann ein qualitativ ähnliches Bild festgestellt werden, im Detail gibt es aber Unterschiede (Abb. 4.5, oben links). Das tägliche Maximum tritt etwa 2 Stunden später ein als bei der Gefühlten Temperatur. Des Weiteren sind die Amplituden des Tages- und des Jahresganges deutlich kleiner. Von Mai bis August entsprechen tagsüber die Lufttemperaturen den Werten der Gefühlten Temperatur, während im Winterhalbjahr sowie nachts die Gefühlte Temperatur bis zu 8 K unter der Lufttemperatur liegt (Abb. 4.5, oben rechts).
Die Taupunkttemperatur weist mit einer Schwankungsbreite von unter 1 K keinen spürbaren Tagesgang auf (Abb. 4.5, Mitte links). Die Werte liegen zwischen –1 °C im Februar und 13 °C im Juli und August. Die Taupunktdifferenz erreicht damit Werte zwischen 2 K im Winter und bis zu 7 K im Sommer. Das entspricht einer relativen Luftfeuchte von 95 % bzw. 65 %.

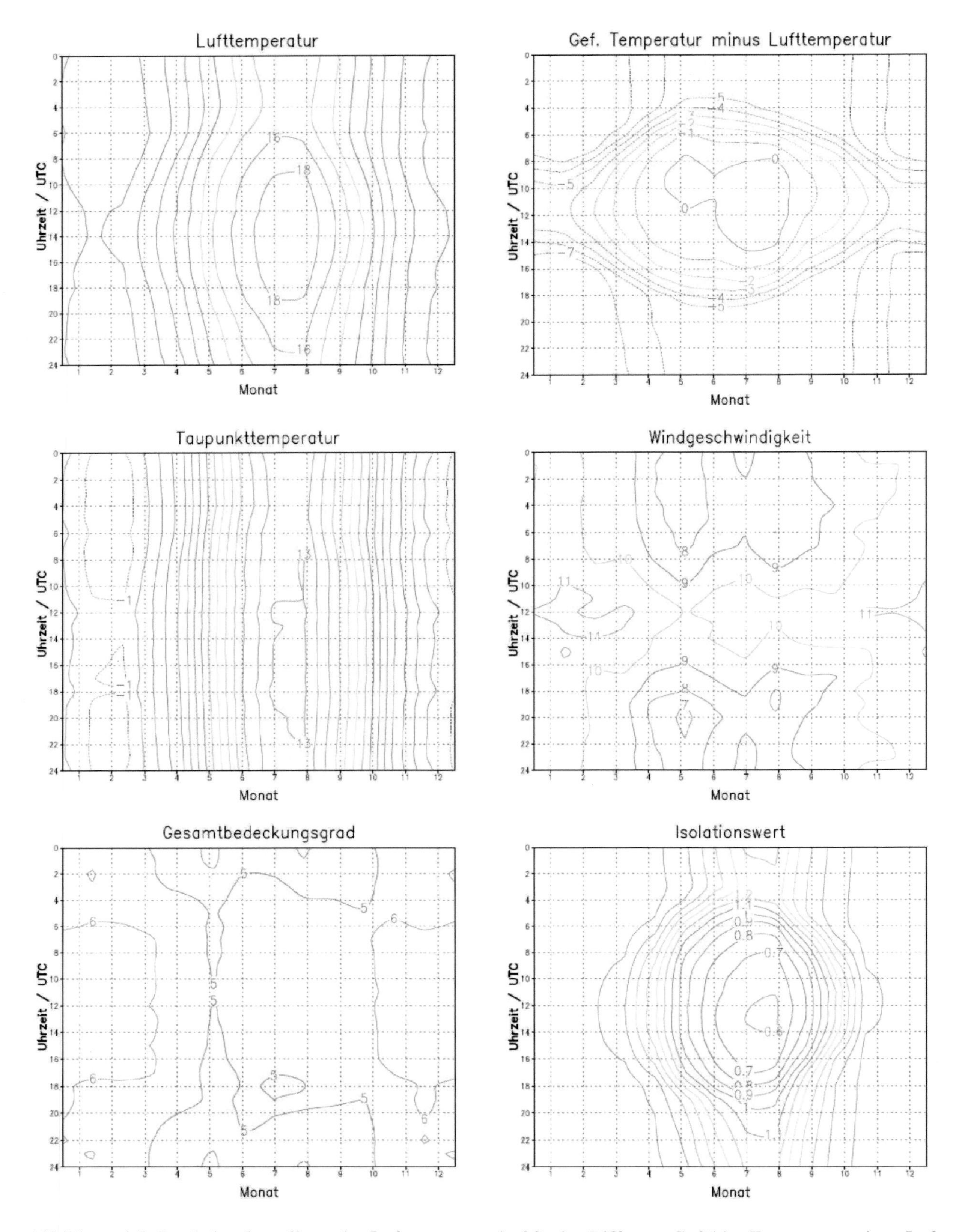

Abbildung 4.5: Isoplethendarstellung der Lufttemperatur in °C, der Differenz Gefühlte Temperatur minus Lufttemperatur in K, der Taupunkttemperatur in °C, der Windgeschwindigkeit in Knoten, des Gesamtbedeckungsgrades in Okta und des Isolationswertes der Bekleidung in clo von Warnemünde 1971-2000

Die Windgeschwindigkeit erreicht mittlere Werte, die in den Nachtstunden des Monats Mai zwischen 7 und 10 kt (1 kt = 0,514 m s^{-1} = 1,852 km h^{-1}) liegen, während im Winter ganztägig

10 bis 11 kt typisch sind (Abb. 4.5, Mitte rechts). Der Tagesgang mit höheren Werten um die Mittagsstunden ist dabei etwas stärker ausgeprägt als der Jahresgang. Die erstaunlich geringe Jahresschwankung kann mit der besonderen Lage der Station erklärt werden. Nach Vergleichsmessungen mit der Station Hohe Düne ist ein Nordwestwind (Hauptwindrichtung im Sommer) überhöht, während ein Südwestwind (Hauptwindrichtung Winter) zu niedrige Windgeschwindigkeiten nach sich zieht (HUPFER et al. 2003).
Der Gesamtbedeckungsgrad weist im Winter ein Maximum von 6,5 Achtel um die Mittagsstunden auf (Abb. 4.5, unten links). Das Minimum von 4 Achtel fällt im Sommer auf die Nachtstunden.
Von November bis März ist trotz Winterbekleidung (Isolationswert der Bekleidung I=1,75 clo) ganztägig kein thermischer Komfort, sondern leichter Kältereiz zu verzeichnen. Dieser könnte durch eine weitere Verstärkung der Bekleidung oder durch eine Erhöhung der körperlichen Aktivität vermieden werden (Abb. 4.5, unten rechts). Im Sommer muss im Tagesverlauf die Bekleidung mehrfach angepasst werden, um thermischen Diskomfort zu vermeiden. Während in den Mittagsstunden und am frühen Nachmittag Sommerbekleidung (I = 0,5 clo) empfehlenswert ist, muss in den Nachtstunden im Mittel eine lange Hose sowie eine Jacke (I = 1,0 ... 1,2 clo) getragen werden.
Bei den weiteren Untersuchungen beziehen sich die Werte der Gefühlten Temperatur und die Besetzung der Behaglichkeitsklassen auf den Termin 12 Uhr MOZ (mittlere Ortszeit), also auf den Zeitpunkt des täglichen Sonnenhöchststandes. Damit wird der Abhängigkeit des aktuellen Sonnenstandes vom Längengrad Rechnung getragen, die sich insbesondere in der kurzwelligen Einstrahlung bemerkbar macht. An der deutschen Ostseeküste, die sich von etwa 9,5° E (bei Flensburg) bis 14,2° E (bei Ahlbeck) erstreckt, fällt der Zeitpunkt 12 Uhr MOZ in den Zeitbereich von 12:03 MEZ bzw. 11:03 UTC (bei Ahlbeck) bis 12:22 MEZ (bei Flensburg).
Der Termin 12 Uhr MOZ ist willkürlich, er erlaubt aber den direkten Vergleich mit den Europakarten der Gefühlten Temperatur, die auf der Basis der Daten von 918 Stationen abgeleitet wurden (TINZ und JENDRITZKY 2003). Außerdem fällt dieser Termin in den Zeitbereich, in dem der Mensch erfahrungsgemäß am ehesten Aktivitäten im Freien unternimmt. Die Interpolation auf 12 Uhr MOZ erfolgte mit einem polynomischen Interpolationsverfahren, das jeweils die beiden nächstliegenden (also insgesamt vier) Terminwerte als Input enthält. Der mittlere Fehler liegt bei stündlich vorliegenden Werten unter 0,1 K und ist damit vernachlässigbar.
Für den Referenzzeitraum 1971-2000 ergeben sich für Warnemünde die in der Tab. 4.2 zusammengestellten mittleren Werte der Gefühlten Temperatur, der meteorologischen Eingangsgrößen sowie die Werte des Isolationsfaktors der Bekleidung zum Termin 12 Uhr MOZ.

Tabelle 4.2: Monatsmittel der Gefühlten Temperatur T_G, der Lufttemperatur T_L, des Taupunktes T_D, des Gesamtbedeckungsgrades N, der Windgeschwindigkeit FF und des Isolationswertes I der Bekleidung zum Termin 12 Uhr MOZ für Warnemünde (1971-2000). Das Minimum und das Maximum sind fett hervorgehoben. Sais. = Saison (Mai-September)

Element	Jan.	Feb.	Mär.	Apr.	Mai	Jun.	Jul.	Aug.	Sep.	Okt.	Nov.	Dez.	Jahr	Sais.
T_G / °C	**-3,2**	-1,2	3,2	8,0	13,5	16,7	19,6	**20,2**	15,1	9,6	2,9	-1,9	8,5	17,0
T_L / °C	**1,3**	2,0	4,8	8,4	13,5	16,7	19,0	**19,4**	15,9	11,3	6,0	2,6	10,1	16,9
T_D / °C	**-0,8**	-0,8	0,9	3,3	7,7	11,1	13,3	**13,4**	10,8	7,5	3,2	0,3	5,8	11,3
N / Okta	**6,5**	6,2	5,9	5,5	**5,0**	5,3	5,2	5,2	5,5	5,9	6,4	6,5	5,8	5,2
FF / kt	**11**	**11**	**11**	**10**	**10**	**10**	**11**	**10**	**10**	**11**	**11**	**11**	10,6	10,2
I / clo	**1,74**	1,71	1,62	1,35	0,92	0,71	0,61	**0,59**	0,80	1,23	1,66	1,74	1,2	0,73

Die wesentlichen Eigenschaften des Jahresganges dieser Größen wurden bereits zuvor diskutiert. Die Extremwerte werden, bis auf das Minimum des Bedeckungsgrades, im Januar und Juli erreicht. Die Gefühlte Temperatur liegt nur in den beiden wärmsten Monaten Juli und August über den Werten der Lufttemperatur.

Betrachtet man den Jahresgang der Gefühlten Temperatur auf der Basis von Tageswerten, kann festgestellt werden, dass es Abweichungen vom idealen Jahresgang gibt, der durch eine Sinuskurve beschrieben werden kann. Der ohnehin langsame Anstieg im Frühjahr und Sommer wird immer wieder durch deutliche Rückgänge unterbrochen (Abb. 4.6). Besonders markant ist der Einbruch Mitte Juni, der mit der Singularität Schafskälte in Verbindung gebracht werden kann (FLOHN 1954, BISSOLLI 1991). Nach dem ersten sommerlichen Maximum Anfang Juli kommt es bis zur Mitte des Monats zu einem leichten Rückgang, der dem mitteleuropäischen Sommermonsun zugeordnet werden kann. Die höchsten Werte der Gefühlten Temperatur von Ende Juli bis Mitte August markieren die Hundstage. Der Temperaturabfall im Herbst vollzieht sich, wie bereits bemerkt wurde, schneller als der Anstieg im Frühjahr. Dabei können keine Singularitäten identifiziert werden. Das nachfolgende Weihnachtstauwetter ist nur schwach ausgeprägt und wird durch leicht erhöhte Werte der Gefühlten Temperatur markiert. Danach folgen Anfang Januar die tiefsten Werte. Auffällig ist der markante Einbruch Mitte Februar, der bei der Gefühlten Temperatur stärker ausgeprägt ist als bei der Lufttemperatur (vgl. auch Abb. 3.7). Dieser Befund sollte nicht überbewertet werden, da sich die Singularitäten nicht in jedem Jahr einstellen und es im Laufe der Zeit immer wieder zeitliche Verschiebungen des Eintrittstermines gab (GERSTENGARBE und WERNER 1987).

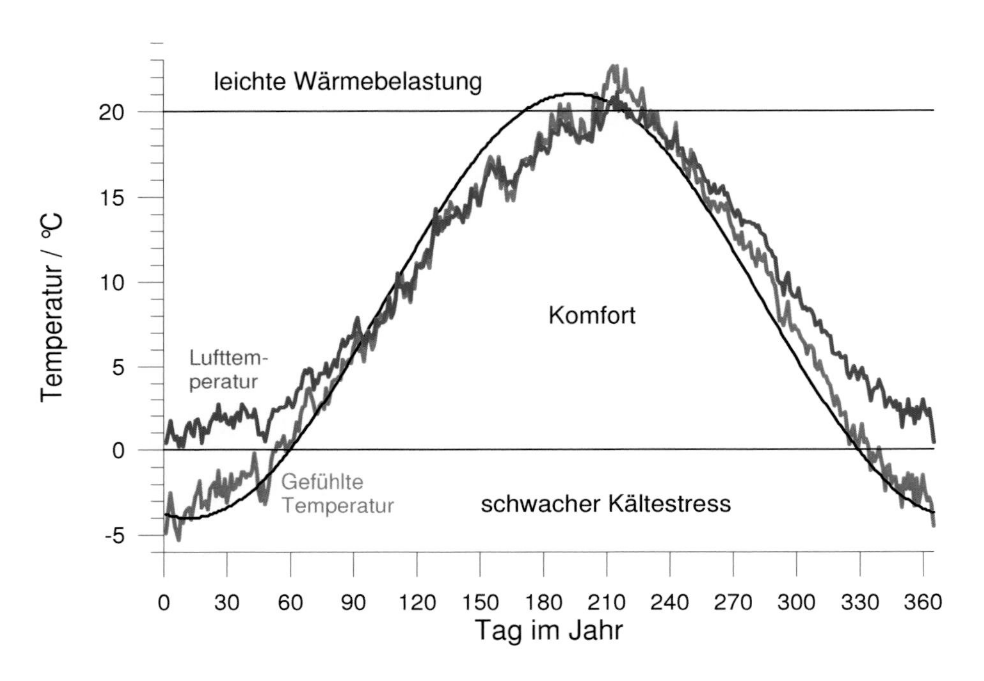

Abbildung 4.6: Mittlere tägliche 12 MOZ-Werte der Gefühlten Temperatur (rote Linie) und der Lufttemperatur (blau) von Warnemünde in °C von 1971-2000. Mit eingetragen sind der angepasste mittlere Jahresgang der Gefühlten Temperatur (dünne Linie) und die Behaglichkeitsklassen.

Die 12 Uhr MOZ-Werte der Gefühlten Temperatur von Warnemünde weisen eine zweigipflige Häufigkeitsverteilung mit Maxima bei 5 °C und 15 °C auf (Abb. 4.7). Das lokale Minimum bei 11 °C liegt im Bereich des Jahresmittels. Erklären kann man diese Form der Häufigkeitsverteilung mit der langen Andauer der An- und Abstiegsphase (Frühjahr und Herbst) und dem relativ kurzen Verweilen im Bereich der Extremwerte (Winter und Sommer). Eine Sinuskurve weist dementsprechend eine qualitativ gleiche Häufigkeitsverteilung auf. Die Häufigkeitsverteilung der Lufttemperatur ist ähnlich, hier sind die mittleren Klassen etwas häufiger besetzt.

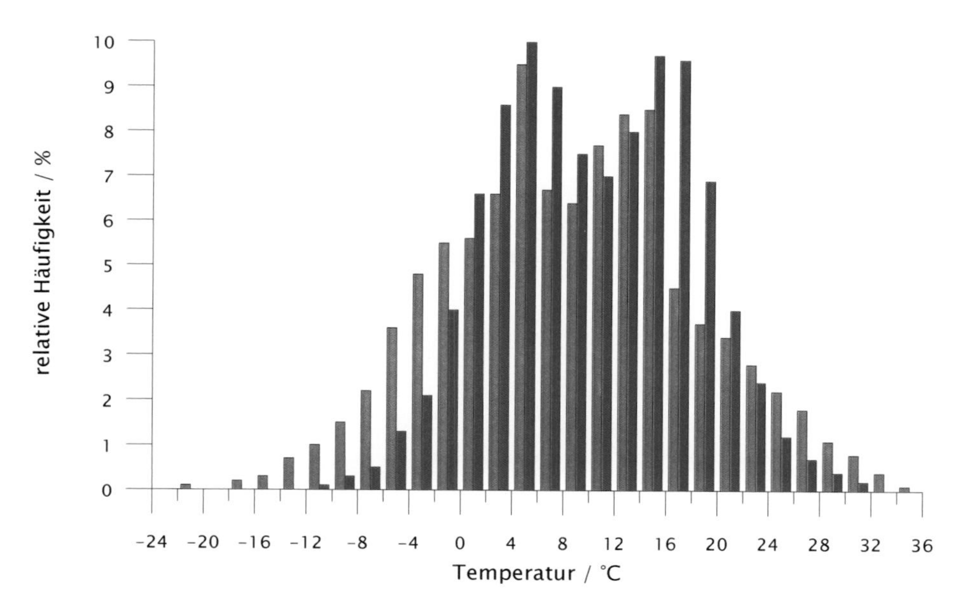

Abbildung 4.7: Häufigkeitsverteilung der Gefühlten Temperatur (rote Säulen) und der Lufttemperatur (blaue Säulen) zu 12 Uhr MOZ von Warnemünde 1971-2000

4.3.3 Räumliche Unterschiede

Bei allen in der Tab. 4.3 zusammengestellten Stationen an der deutschen Ostseeküste tritt das Minimum der Gefühlten Temperatur im Januar und das Maximum im August ein. Die erwartete Zunahme der thermischen Kontinentalität von West nach Ost kann nur im Winter nachgewiesen werden. Im Sommer wird dieser Effekt durch die Lage der Stationen zum Meer überkompensiert (vgl. Abschnitt 3.1). Die beiden Stationen Schleswig und Lübeck befinden sich im westlichen Teil der Küste, die von NNW nach SSE orientiert ist. Der großräumig vorherrschende Westwind weht dementsprechend ablandig. Die Stationen Boltenhagen, Warnemünde und insbesondere Kap Arkona liegen direkt an der Ostseeküste, so dass die Gefühlte Temperatur durch häufigen Seewindeinfluss vor allem um die Mittagsstunden deutlich herabgesetzt ist. Die exponiert in 42 m ü. NN liegende Station Arkona zeichnet sich darüber hinaus durch eine ganzjährig hohe Windgeschwindigkeit aus (Jahresmittel 15 kt). Die landeinwärts gelegene Binnenlandstation Schwerin weist von April bis September eine ähnliche Gefühlte Temperatur auf wie Lübeck. Das unterstreicht, dass der Übergang vom Meer zum Land bereits im küstennahen Bereich weitgehend vollzogen ist (vgl. Kap. 2). Im Winter sind die Werte durch die tieferen Temperaturen im Binnenland etwas herabgesetzt.

Tabelle 4.3: Monatsmittel der Gefühlten Temperatur zum Termin 12 Uhr mittlere Ortszeit (12 MOZ) von 1971-2000. Das Minimum und das Maximum sind fett hervorgehoben. Sais. = Saison (Mai-September)

Station	Jan.	Feb.	Mär.	Apr.	Mai	Jun.	Jul.	Aug.	Sep.	Okt.	Nov.	Dez.	Jahr	Sais.
Schleswig	**-2,8**	-0,9	3,5	8,7	14,1	17,6	20,0	**20,5**	14,8	9,4	3,0	-1,7	8,9	17,4
Lübeck-Blankenese	**-2,0**	0,2	5,0	10,4	16,3	19,0	21,6	**22,0**	16,1	10,6	3,7	-1,0	10,2	19,0
Boltenhagen	**-3,2**	-1,4	5,8	7,8	12,6	16,8	19,5	**19,9**	14,5	9,1	2,6	-2,1	8,2	16,7
Warnemünde	**-3,2**	-1,2	3,2	8,0	13,5	16,7	19,6	**20,2**	15,1	9,6	2,9	-1,9	8,5	17,0
Arkona	**-4,7**	-3,2	1,0	5,9	10,9	14,9	17,9	**18,6**	13,5	8,3	1,9	-3,1	6,8	15,2
Schwerin	**-3,0**	-0,7	4,2	9,8	15,9	18,9	21,3	**21,7**	15,9	9,9	2,8	-2,1	9,6	18,7

An allen Stationen kann an etwa 240 bis 250 Tagen, also in etwas über 8 Monaten, zum Termin 12 Uhr MOZ thermischer Komfort erreicht werden (Tab. 4.4). Unterschiede zeigen sich bei der Häufigkeit der Besetzung der Klassen mit thermischem Diskomfort. Arkona zeichnet sich durch ein häufiges Auftreten von schwachem Kältestress aus, während mäßiger oder starker Kältestress an allen Stationen übereinstimmend nur selten auftritt. Die an der Küste ohnehin selten vorkommende Wärmebelastung findet man in Arkona nur etwa halb so häufig, wie an den anderen Stationen. Sie ist am ehesten in Lübeck und Schwerin zu erwarten.

Tabelle 4.4: Mittlere Anzahl der Tage pro Jahr mit Kältestress (KS), Komfort und Wärmebelastung (WB) zum Termin 12 Uhr MOZ (1971-2000)

Station	Mäßiger / starker KS	Schwacher KS	Komfort	Schwache WB	Mäßige WB	Starke / extreme WB
Schleswig	2	63	253	30	15	2
Lübeck-Blankenese	3	59	241	36	21	4
Boltenhagen	4	70	251	29	10	1
Warnemünde	3	68	249	30	13	2
Arkona	4	91	243	19	7	1
Schwerin	4	65	237	34	21	4

4.3.4 Fallstudien

Bei extremen Wetterlagen können Unterschiede zwischen Lufttemperatur und Gefühlter Temperatur auftreten, die 10 K weit überschreiten. Im kalten Bereich ist insbesondere hohe Windgeschwindigkeit für tiefere Werte der Gefühlten Temperatur verantwortlich. Dies wird an der Station Warnemünde während des blizzardartigen Wintereinbruchs zum Jahreswechsel 1978/79 deutlich, wo mit $T_G = -32$ °C (starker Kältestress) der niedrigste Wert der Gefühlten Temperatur im Zeitabschnitt von 1971-2000 registriert wurde (Abb. 4.8).
Die Lufttemperatur verlief am 31.12.1978 im Bereich von –18 °C bis –11 °C, was schwachem bzw. mäßigem Kältestress entsprechen würde. Die tatsächlich empfundenen Temperaturen betragen –32 °C bis –21 °C, so dass tatsächlich mäßiger bzw. starker Kältestress vorliegt. Beide Temperaturen verlaufen weitgehend parallel, wobei sichtbar ist, dass an Terminen mit erhöhter Windgeschwindigkeit (z.B. 21 UTC) die Gefühlte Temperatur deutlich absinkt.
Im warmen Bereich können starke Sonneneinstrahlung und eine hohe Luftfeuchte das tatsächliche Wärmeempfinden deutlich in Richtung Wärmebelastung verschieben. Am 03.08.1980 kann zunächst der typische sommerliche Tagesgang der Lufttemperatur und der Gefühlten Temperatur festgestellt werden, wobei die Werte der Gefühlten Temperatur am Tag über und nachts unter der Lufttemperatur liegen (Abb. 4.9).
Der vorübergehende Rückgang der Gefühlten Temperatur von 10 UTC zu 11 UTC ist insbesondere der Zunahme des Bedeckungsgrades von 5/8 auf 8/8 zuzuschreiben. Um 14 UTC nimmt zu Beginn eines starken Gewitters (ww-Code=97) bei noch hoher Lufttemperatur (29 °C) der Taupunkt auf 24 °C zu, so dass die Gefühlte Temperatur trotz starker Bewölkung auf 38 °C ansteigt. Das entspricht starker/extremer Wärmebelastung. Mit Auffrischen des Windes und nachfolgendem Temperaturrückgang sinkt die Gefühlte Temperatur innerhalb einer Stunde um 25 K in den Bereich der thermischen Behaglichkeit, während die Lufttemperatur gleichzeitig nur um 11 K abgenommen hat.

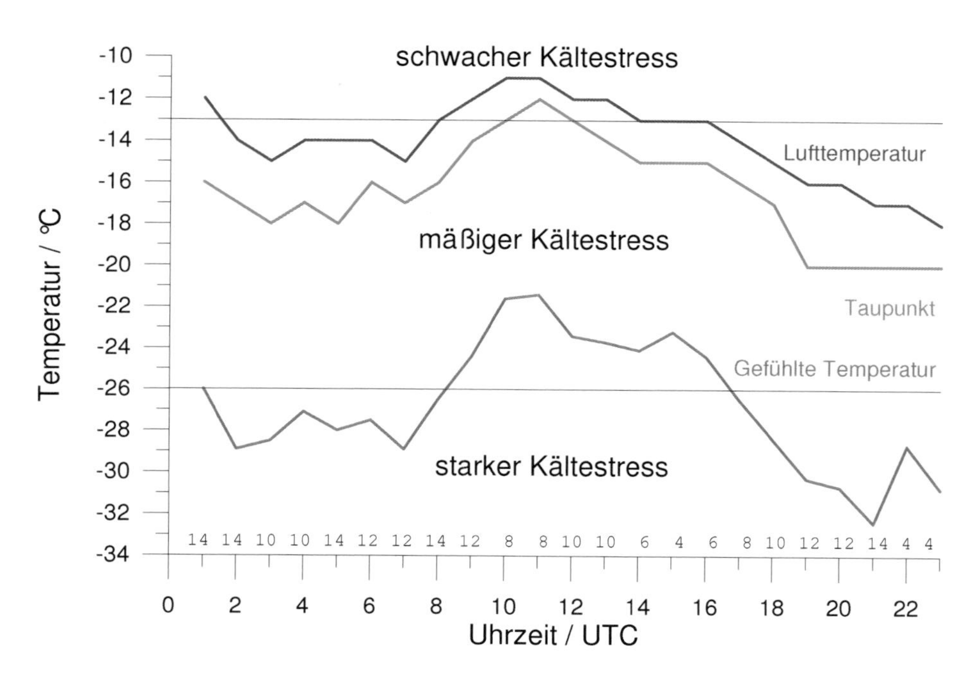

Abbildung 4.8: Terminwerte der Lufttemperatur (blaue Linie), des Taupunktes (grüne Linie) und der Gefühlten Temperatur (rote Linie) jeweils in °C von Warnemünde am 31.12.1978. Mit eingetragen sind die thermischen Behaglichkeitsklassen sowie auf der Abszisse die Windgeschwindigkeit in kt

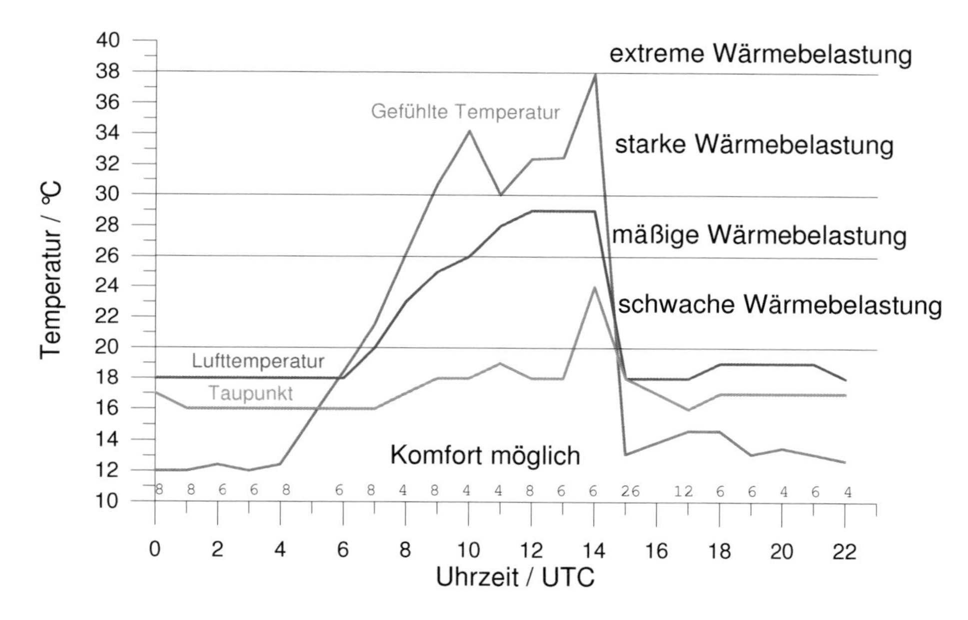

Abbildung 4.9: Terminwerte der Lufttemperatur (blaue Linie), des Taupunktes (grüne Linie) und der Gefühlten Temperatur (rote Linie) jeweils in °C von Warnemünde am 03.08.1980. Mit eingetragen sind die thermischen Behaglichkeitsklassen sowie auf der Abszisse die Windgeschwindigkeit in kt. Für die Termine 5 UTC, 16 UTC und 23 UTC liegen keine Beobachtungswerte vor

Die Modifikation des Tagesganges der Gefühlten Temperatur durch sich tagsüber einstellenden Seewind soll an Hand der Terminwerte der Stationen Warnemünde und der sich 30 km weiter landeinwärts befindlichen Station Rostock-Laage dargestellt werden. Beide Kurven verlaufen den größten Teil des Tages synchron. Zwischen 9 und 15 UTC, wo sich an der Station Warnemünde Seewind durchsetzt, kommt es zu einem spürbaren Rückgang der Gefühlten Temperatur (Abb. 4.10). Dieses „gekappte" Maximum im Tagesgang ist ebenfalls typisch für die Lufttemperatur, während an der vom Seewind unbeeinflussten Station Laage der normale Tagesgang erkennbar ist.

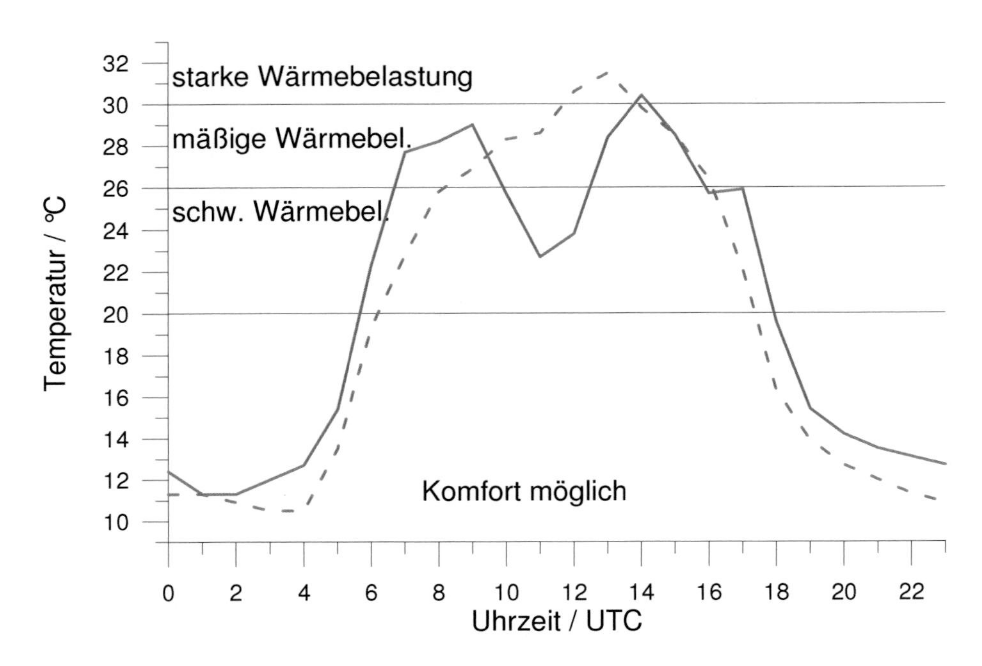

Abbildung 4.10: Tagesgang der Gefühlen Temperatur von Warnemünde (durchgezogen) und von Rostock-Laage (gestrichelt) am 10.08.2004

5 Meereisverhältnisse

5.1 Einführung

Das auf Grund der klimatischen Bedingungen in der Wintersaison auftretende Meereis ist ein typisches Merkmal des Brackwassermeeres Ostsee. Die Eissaison dauert in den nördlichsten Teilen bis zu 7 Monate, während auf der offenen See der südlichen und zentralen Teile nur in wenigen sehr strengen Wintern Treibeis beobachtet wird (STRÜBING 1996).
Im Folgenden wird der prinzipielle Verlauf der Eisbildung in den Gewässern der deutschen Ostseeküste beschrieben. Ausgehend vom Maximum im Spätsommer sinkt die Wassertemperatur im Verlauf des Herbstes bis in den Winter hinein (vgl. Abschnitt 3.4). Dabei kühlen sich durch Ausstrahlung und den latenten sowie den fühlbaren Wärmestrom zunächst Wasserteilchen an der Oberfläche ab. Sie sinken wegen ihrer nun größeren Dichte bis in ein Niveau ab, das ihrer von Salzgehalt und Temperatur abhängigen Dichte entspricht. Als Ausgleich dafür steigen wärmere Wasserteilchen auf, die dann an der Oberfläche ebenfalls abkühlen und absinken. Diese turbulente thermische Konvektion, die mit einer vertikalen Durchmischung der Wassersäule verbunden ist, hält an, bis die gesamte Wassersäule (bzw. die Wassersäule bis zur halinen Sprungschicht) die Temperatur des Dichtemaximums T_{DM} erreicht hat. Bei reinem Wasser beträgt $T_{DM} = 4$ °C, bei Meerwasser liegt sie in Abhängigkeit vom Salzgehalt S darunter (siehe SIEDLER und PETERS 1986). Sinkt die Temperatur an der Oberfläche unter die Temperatur des Dichtemaximums, dann hört die thermische Konvektion auf und eine stabile Schichtung stellt sich ein. Erreicht die Wassertemperatur den Gefrierpunkt T_f (bei reinem Wasser $T_f = 0$ °C, bei Meerwasser darunter), kommt es an der Oberfläche zur Bildung von Eis. Unter ungestörten Bedingungen (kein Wellengang) entsteht kristallines durchsichtiges Eis.
Da das offene Meer fast ständig bewegt ist, verläuft hier die Eisbildung anders. In der obersten, auf die Gefriertemperatur abgekühlten Wasserschicht, entstehen kleine Eiskristalle, die an die Oberfläche steigen, wo sie einen Eisbrei bilden. Dieser Eisbrei hemmt den Seegang und friert zu unregelmäßigem und undurchsichtigem Eis bzw. bei Anhalten des Seeganges zu Pfannkucheneis zusammen. In Abhängigkeit von den aktuellen meteorologischen und ozeanographischen Bedingungen unterliegt das Eis weiteren Transformationen bis hin zur Bildung von Treib- und Packeis (BLÜTHGEN 1954). Zu den die Eisbildung beeinflussenden Faktoren gehören die Wassertiefe, der Seegang, der Schneefall, die Luftfeuchtigkeit und der Schiffsverkehr (DIETRICH und KALLE 1975, SCHARNOW 1978). Insgesamt können in der Ostsee etwa 40 Eisarten unterschieden werden (WMO 1987). Physikalische und chemische Eigenschaften von Meereis hat KOSLOWSKI (1986) zusammengestellt. Durch die im Laufe des Spätwinters und des Frühlings rasch zunehmende Globalstrahlung und die damit verbundene Erwärmung schmilzt das Eis. Sturmperioden, die zum Aufbrechen des Eises beitragen, können diesen Prozess beschleunigen, aber auch zeitweise zur Ausbildung von Eispressungen an Luv-Küsten führen (Abb. 5.1).
Die Eisbildung verläuft bis zu einem Salzgehalt von $S \approx 25$ PSU nach dem oben beschriebenen Prinzip. Der an der deutschen Ostseeküste raumzeitlich variable Salzgehalt liegt mit mittleren Werten von etwa $S = 6$ PSU in der Pommerschen Bucht bis $S = 18$ PSU in der Beltsee unterhalb dieses Schwellenwertes. Bei für den Ozean typischen Salzgehalten $S \approx 35$ PSU liegt die Temperatur des Dichtemaximums unter der Gefriertemperatur des Wassers. In diesem Fall muss vor der Eisbildung die gesamte Wassersäule bis zum Gefrierpunkt abgekühlt werden.
Neben der Bedeutung für die Schifffahrt, die Fischerei und die Offshore-Industrie sind die Eisverhältnisse auch von wissenschaftlichem Interesse, da diese Komponente des Klimasystems ein sensibler Indikator für Klimaänderungen ist. Zusammenfassende Darstellungen der Eisverhältnisse an der deutschen Ostseeküste können beispielsweise PRÜFER (1942), BLÜTHGEN

(1954), DIETRICH und SCHOTT (1974), BUNDESAMT FÜR SEESCHIFFAHRT UND HYDROGRAPHIE (1991, 1994), STRÜBING (1996), TINZ (2000), SCHMELZER (2001) und SCHMELZER et al. (2004) entnommen werden.

Abbildung 5.1: Eispressung am Palmer Ort (Südspitze der Insel Rügen). Auf den Strand (links) und in den angrenzenden Wald geschobenes Eis (rechts; Fotos vom 03. März 1996; Birger Tinz). Weitere Informationen zu diesem Ereignis können TINZ (1996b) und GEO (1997) entnommen werden

5.2 Grundzüge des Eisvorkommens

Das winterliche Eisvorkommen an der deutschen Ostseeküste zeichnet sich durch eine hohe räumliche und zeitliche Variabilität aus. In den Gewässern der Innenküste (Förden, Buchten, Bodden, Haffe und Flussmündungen) kann in etwa 80 bis 90 % der Winter mit Eis gerechnet werden, während dies an der Außenküste nur in etwa jedem zweiten bis dritten Winter der Fall ist (Tab. 5.1). Die offene See ist nur in den selten vorkommenden starken und sehr starken Eiswintern zeitweise mit Treib- und Festeis bedeckt.

Tabelle 5.1: Anteil der Winter mit Eisvorkommen, Beginn, Ende und Dauer der Eissaison sowie Anzahl der Tage mit Eisvorkommen 1901-2000 (nur Jahre mit Eisvorkommen). An einigen Stationen fehlen einzelne Jahre. Daten: Bundesamt für Seeschifffahrt und Hydrographie Hamburg und Rostock (aus SCHMELZER 2001). Die Lage der Stationen kann der Abb. 5.3 entnommen werden

Größe	Breite	Länge	Anteil Winter mit Eis in %	Beginn Eissaison	Ende Eissaison	Dauer Eissaison	Tage mit Eis
Eckernförde	54°29‘ N	09°51‘ E	48	18.01.	27.02.	41	32
Westermarkelsdorf	54°32‘ N	11°03‘ E	32	25.01.	05.03.	40	31
Unterwarnow	54°08‘ N	12°05‘ E	90	02.01.	22.02.	51	36
Warnemünde	54°11‘ N	12°05‘ E	48	14.01.	20.02.	38	26
Vierendehlrinne	54°24‘ N	13°06‘ E	92	26.12.	04.03.	70	49
Arkona	54°40‘ N	13°29‘ E	32	23.01.	10.03.	45	33
Greifswalder Oie	54°14‘ N	13°56‘ E	68	17.01.	24.02.	39	28

Der mittlere Beginn der Eissaison fällt in den Zeitraum Ende Dezember und Januar, während das Eis üblicherweise im Februar und März wieder schmilzt. Dabei ist zu beachten, dass in der Statistik nur die Winter mit Eisvorkommen berücksichtigt worden sind. Die Anzahl der Tage mit Eisvorkommen liegt zwischen 25 und 50 Tagen. Da häufig zwei oder mehrere Perioden mit Eis vorkommen, beträgt die Dauer der Eissaison, die als Zeitraum zwischen dem ersten und dem letzten Auftreten von Eis definiert ist, 35 bis 70 Tage. In extrem starken Eiswintern wurden bis zu 140 Tage mit Eis beobachtet.

Die Eisbildung setzt in den innersten Küstengewässern bereits nach wenigen Tagen mit Frost ein, während dafür an der Außenküste und auf der offenen See eine längere Frostperiode notwendig ist. NUSSER (1950) definiert die Anzahl aufeinander folgender Tage mit negativen Tagesmitteln der Lufttemperatur als Eisvorbereitungszeit. Minimale Werte von nur 2 Tagen werden für die Darß-Zingster Boddenkette sowie den Strelasund angegeben. Die höchsten Werte von 15,5 Tagen treten am Feuerschiff Kiel sowie mit 15 Tagen an den an der Außenküste liegenden Stationen Marienleuchte und Arkona auf. Sinngemäß wird als Eisabschmelzzeit die Anzahl aufeinander folgender Tage mit positiven Tagesmitteln der Lufttemperatur bezeichnet, die notwendig ist, bis vorhandenes Eis geschmolzen ist (PRAHM 1951). Diese Größe nimmt in Richtung offene See ab. Sie ist wenig aussagekräftig, da die Menge des vorhandenen Eises zu Beginn der Tauwetterperiode einen entscheidenden Einfluss ausübt.

Die Abhängigkeit des Eisvorkommens von den ozeanographischen und topographischen Eigenschaften des betreffenden Seegebietes wird auch an Hand eines Fallbeispiels deutlich (Abb. 5.2). Dargestellt ist die Eislage zum Zeitpunkt der größten Vereisung im letzten eisreichen Winter des 20. Jahrhunderts (1995/96). Die inneren Seegebiete sind mit Festeis bedeckt, dessen Dicke in der Flensburger Förde bis zu 50 cm und im Greifswalder Bodden bis zu 60 cm beträgt. An der Außenküste ist verbreitet dichtes (7/10 bis 8/10 Eisbedeckung) und kompaktes Eis (9/10 bis 10/10) anzutreffen. Die offene See der Westlichen Ostsee ist bis auf das Gebiet östlich einer Linie von Darßer Ort – Trelleborg von Neueis bedeckt. Die Südliche Ostsee hingegen ist, abgesehen von Neueis vor Rügen und Usedom und einer geringen Küstenvereisung an der polnischen und schwedischen Küste, eisfrei.

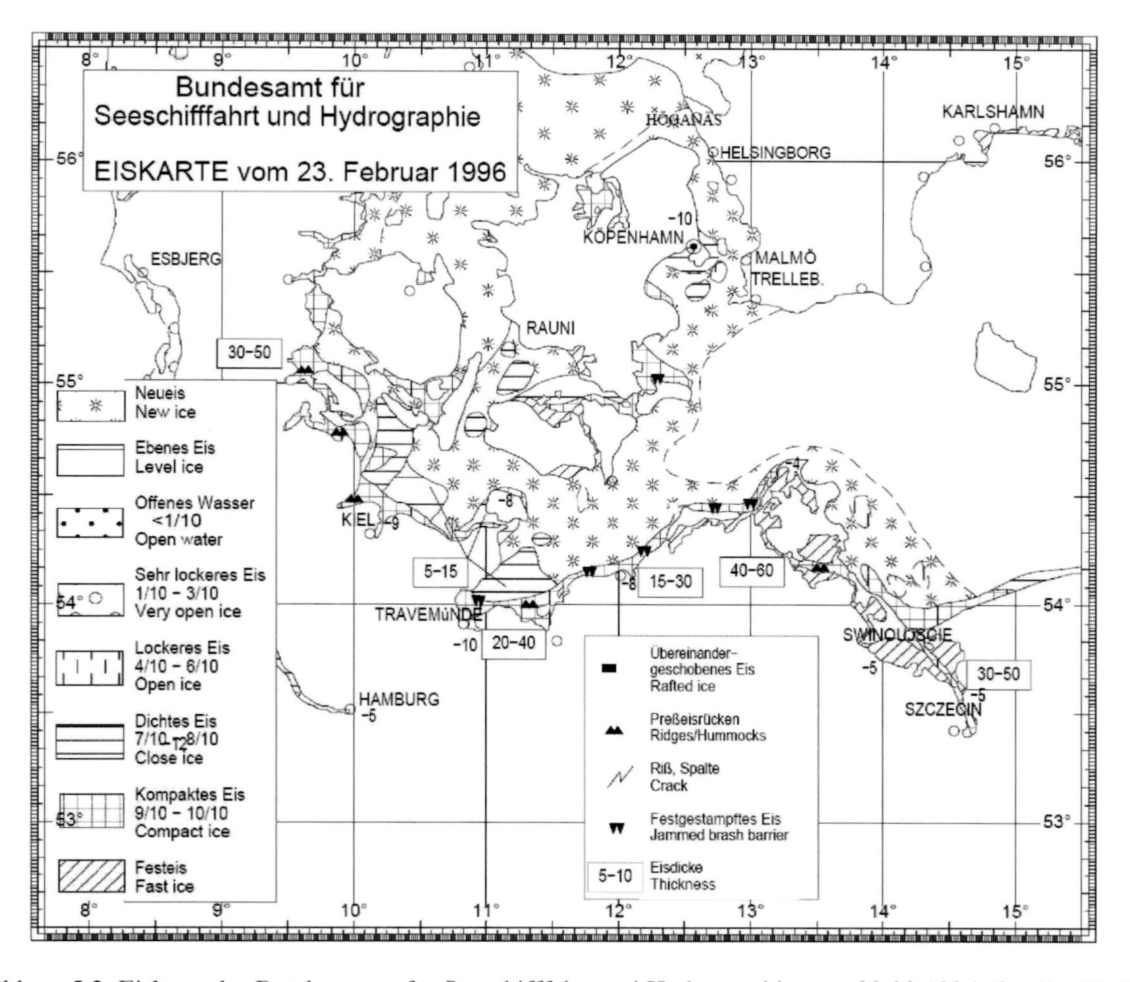

Abbildung 5.2: Eiskarte des Bundesamtes für Seeschifffahrt und Hydrographie vom 23.02.1996 (Quelle: Eisdienst des Bundesamtes für Seeschifffahrt und Hydrographie Hamburg und Rostock)

Die tägliche Wahrscheinlichkeit für das Auftreten von Eis zeigt an den meisten Eismeldestationen einen Verlauf mit 2 Gipfeln (SCHMELZER 2001). Die beiden Maxima treten Mitte Januar und Anfang März auf. Dazwischen liegt insbesondere an den Stationen der Innenküste ein ausgeprägtes Minimum Anfang Februar. Da das Meereis eine sekundäre Größe ist, muss sich dieses Verhalten ebenfalls bei der Lufttemperatur nachweisen lassen. Einen ähnlichen Verlauf zeigt die mittlere Kältesumme (Betrag der Summe der mittleren täglichen negativen Temperaturen), die TIESEL (1996) für Rostock-Warnemünde bestimmt hat.

5.3 Eiszeitreihen

5.3.1 Überblick

Tägliche Eisbeobachtungen nach einheitlichen Vorschriften finden an der deutschen Ostseeküste seit dem Dezember 1896 statt (HERMANN 1900). Beobachtet wurden u.a. der Beginn und das Ende der Eissaison, die Anzahl der Tage mit Eisvorkommen und der Grad der Schifffahrtsbehinderung. Einen ersten Überblick über die Ergebnisse der Beobachtungen geben PETERSEN und OELLRICH (1930).

Um eine statistische Bearbeitung der Eisverhältnisse zu ermöglichen, wurden in der Vergangenheit verschiedene Eismaße entwickelt, wie zum Beispiel die reduzierte Eissumme (RES = mittlere Anzahl der Tage mit Eis an Eismeldestationen; PRÜFER 1942, ENDERLE 1986) oder der Eiswert (Berücksichtigung des Grades der Behinderung der Schifffahrt; V. PETERSSON 1954). Die flächenbezogene Eisvolumensumme (VAS) wurde von KOSLOWSKI (1989) für die Ostseeküste von Schleswig-Holstein aufgestellt. Sie beschreibt das tatsächliche Eisvorkommen besser, da neben der Dauer des Eisvorkommens ebenfalls die Eisdicke und der Eisbedeckungsgrad berücksichtigt werden. Die flächenbezogene Eisvolumensumme wird wie folgt bestimmt:

$$\mathrm{VAS} = \frac{1}{n} \sum_{j} \sum_{k} (\mathrm{N} \cdot \mathrm{H})_{jk} \text{, mit}$$

- N: Eisbedeckungsgrad in Zehntel,
- H: Eisdicke in m,
- k: Laufzahl der Tage mit Eis im Winter und
- j: Laufzahl der Eismeldestationen.

Die Einheit der flächenbezogenen Eisvolumensumme ist das Meter. Sie kann als die täglich aufsummierte mittlere Eisdicke des betreffenden Küstenabschnittes interpretiert werden.

Die Zeitreihe der VAS für die schleswig-holsteinsche Ostseeküste haben KOSLOWSKI und LOEWE (1994) einer umfangreichen statistischen Analyse unterzogen. Sie wird, ergänzt um die Daten von Mecklenburg-Vorpommern, vom Eisdienst des Bundesamtes für Seeschifffahrt und Hydrographie (BSH) Hamburg und Rostock verwendet, um die Intensität des Winters im Hinblick auf die Dauer und die Stärke des Eisvorkommens einzuschätzen. Grundlage sind die Beobachtungen von 13 Eismeldestationen (Abb. 5.3). Diese Zeitreihe sowie die der reduzierten Eissumme sind die Grundlage der nachfolgenden Untersuchungen.

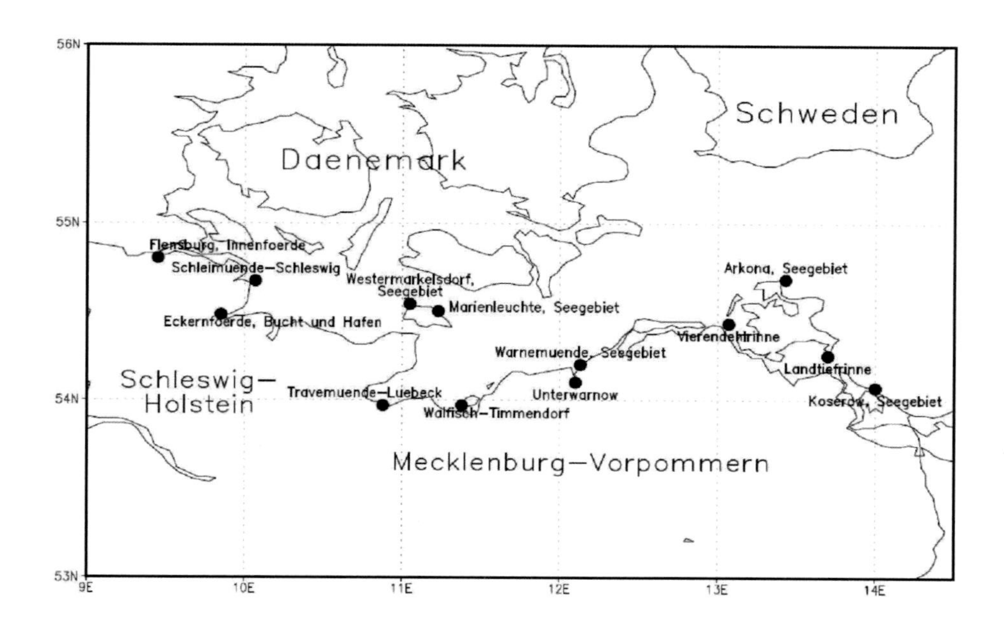

Abbildung 5.3: Eisbeobachtungsstationen, deren Meldungen für die Berechnung der flächenbezogenen Eisvolumensumme der deutschen Ostseeküste herangezogen werden

5.3.2 Statistik

Die Zeitreihe der reduzierten Eissumme beginnt mit dem Eiswinter 1896/97, während die Werte der flächenbezogenen Eisvolumensumme bereits ab 1878/79 vorliegen. Im Mittel ist an der deutschen Ostseeküste an 21,9 Tagen mit dem Vorkommen von Eis zu rechnen (Tab 5.2). Der entsprechende mittlere Wert der VAS beträgt 3,2 m. Die interannuelle Variabilität ist beträchtlich, so schwankt die mittlere Dauer des Eisvorkommens zwischen 0 Tagen (in 7 Wintern) und 98 Tagen (Winter 1946/47). Der letztgenannte Winter war mit einer Eisvolumensumme von VAS = 28,5 m gleichzeitig der eisreichste Eiswinter (vgl. Abschnitt 6.2.2).

Tabelle 5.2: Statistische Parameter der reduzierten Eissumme (RES) und der flächenbezogenen Eisvolumensumme (VAS) der deutschen Ostseeküste 1900/01-1999/2000

Statistische Größe	RES	VAS
Anzahl	100	100
Mittelwert	21,9 d	3,2 m
Median	12,0 d	0,8 m
Minimum	0 d (7 mal)	0 m (7 mal)
Maximum	98 d (1946/47)	28,5 m (1946/47)
Schiefe	1,5	2,9
Standardabweichung	24,3 d	6,0 m

Beide Zeitreihen weisen eine Häufigkeitsverteilung mit positiver Schiefe auf, d.h. der Mehrzahl eisarmer Winter stehen einige eisreiche Winter gegenüber (Abb. 5.4). Da sich die Häufigkeitsverteilungen signifikant von einer Normalverteilung unterscheiden (Anpassungstest nach Kolmogoroff und Smirnoff), müssen bei einer statistischen Analyse verteilungsfreie Verfahren angewendet werden. Aus diesem Grund wird im weiteren Verlauf neben dem Pearsonschen Korrelationskoeffizienten r_P auch der Rangkorrelationskoeffizient nach Spearman r_S berechnet (s. SACHS 1992, SCHÖNWIESE 2000).

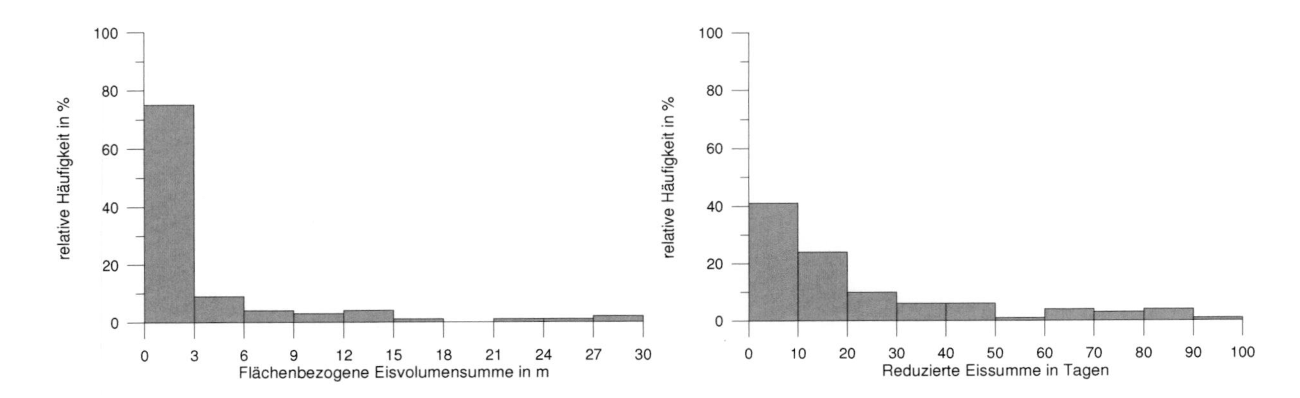

Abbildung 5.4: Häufigkeitsverteilung der flächenbezogenen Eisvolumensumme (links) und der reduzierten Eissumme der deutschen Ostseeküste (rechts) 1900/01 – 1999/2000

Die vier Extremwinter 1939/40, 1941/42, 1946/47 und 1962/63 mit VAS > 20 m (s.a. Abb. 6.13 und 6.14) passen nicht in das statistische Bild. In der Darstellung der Häufigkeitsverteilung der flächenbezogenen Eisvolumensumme erscheinen sie isoliert bzw. abgesetzt von den übrigen Eiswintern. BLÜTHGEN (1954) ordnet die drei Extremwinter in den 1940er Jahren dem arktischen Eistyp zu, d.h., im Gegensatz zu den anderen starken bzw. sehr starken Eiswintern schmilzt das auf der offenen See vorhandene Eis nach dem Eis an den Küsten. Man spricht in diesem Zusammenhang auch von der Landlösung des Eises. HUPFER (1967) empfiehlt bei Trenduntersuchungen eine Analyse ohne die anomalen Eiswinter.

5.3.3 Korrelation mit der Lufttemperatur

Um einen Einblick in die zeitliche Struktur des Zusammenhanges zwischen Eis und Lufttemperatur zu erlangen, erfolgt die Berechnung der Korrelation zwischen beiden Größen. Mit den Monatsmitteln der Lufttemperatur von Stationen an der Ostseeküste ergeben sich von Dezember bis März signifikante Korrelationskoeffizienten (Tab. 5.3). Die höchsten Werte treten im Januar und Februar auf, die gleichzeitig die Monate mit dem im Mittel höchsten Eisvorkommen darstellen. Der März liegt noch vor dem Dezember, während mit der Temperatur des Novembers keine signifikante Korrelation nachgewiesen werden kann. Das gilt ebenfalls für die Vormonate. Ein warmer Sommer bzw. Herbst und eine damit verbundene positive Wassertemperaturanomalie haben auf Grund des begrenzten Wärmevorrates des kleinen Wasserkörpers vor der deutschen Ostseeküste keinen statistisch nachweisbaren Einfluss auf das Eisvorkommen im nachfolgenden Winter. Im Gegensatz dazu reicht eine signifikante Korrelation weit bis in das Frühjahr hinein, was darauf hindeutet, dass nach einem eisreichen Winter der Temperaturanstieg im Frühjahr verzögert stattfindet. Wegen der Reflexionseigenschaften des Eises kann die erhöhte Einstrahlung zunächst nicht voll wirksam werden und das Wasser erwärmen. Gleichzeitig wirkt das Eis als Isolationsschicht, so dass die stabile Schichtung im Wasser durch Wind nicht aufgelöst werden kann.

Tabelle 5.3: Rangkorrelationskoeffizienten nach SPEARMAN zwischen der flächenbezogenen Eisvolumensumme der deutschen Ostseeküste und den Monatsmitteltemperaturen von Stationen an der deutschen Ostseeküste. Auf dem 95 %-Niveau signifikante Korrelationskoeffizienten sind fett hervorgehoben

Station	Lage	Höhe in m	Zeitraum	Nov.	Dez.	Jan.	Feb.	Mär.
Schleswig	54°32' N, 09°33' E	43	1901-2000	-0,02	**-0,35**	**-0,79**	**-0,68**	**-0,48**
Kirchdorf (Poel)	54°00' N, 11°26' E	12	1901-2000	-0,01	**-0,37**	**-0,81**	**-0,70**	**-0,47**
Warnemünde	54°11' N, 12°05' E	4	1947-2000	-0,06	**-0,39**	**-0,84**	**-0,82**	**-0,55**
Putbus	54°22' N, 12°05' E	34	1901-2000	-0,02	**-0,40**	**-0,82**	**-0,73**	**-0,49**

Die zeitlich hoch aufgelöste Korrelation der flächenbezogenen Eisvolumensumme mit den Tagestemperaturen von Warnemünde zeigt zwischen Mitte Dezember und Mitte März einen signifikanten Zusammenhang (Abb. 5.3). Die höchsten Korrelationskoeffizienten treten dabei Anfang Januar und Mitte Februar auf, was mit der im Abschnitt 5.3.2 angesprochenen zweigipfligen Häufigkeitsverteilung der mittleren täglichen Wahrscheinlichkeit des Auftretens von Eis korrespondiert.
Von Juli vor dem Winter bis Mitte Dezember schwanken die täglichen Korrelationskoeffizienten um Null (Abb. 5.5). Nur an einzelnen Tagen wird das 95 %-Signifikanzniveau ($| r_S | = 0{,}28$) erreicht. Das gilt insbesondere für den Monat Oktober, was die „Bauernregel“ bestätigt, derzufolge einem zu warmen (sowie zu trockenem) Oktober mit einer hohen Wahrscheinlichkeit ein kalter Hochwinter folgt (BAUR 1958, MALBERG 1994), der mit einem übernormalen Eisvorkommen verbunden ist. Von der zweiten Dezemberdekade bis Anfang März sind die täglichen Korrelationskoeffizienten auf dem 95 %-Niveau im Wesentlichen durchgängig signifikant von Null verschieden. Eine Ausnahme bilden die Tage um den 25. Dezember, der Zeit, in der sich mit großer Regelmäßigkeit die Singularität "Weihnachtstauwetter" einstellt.

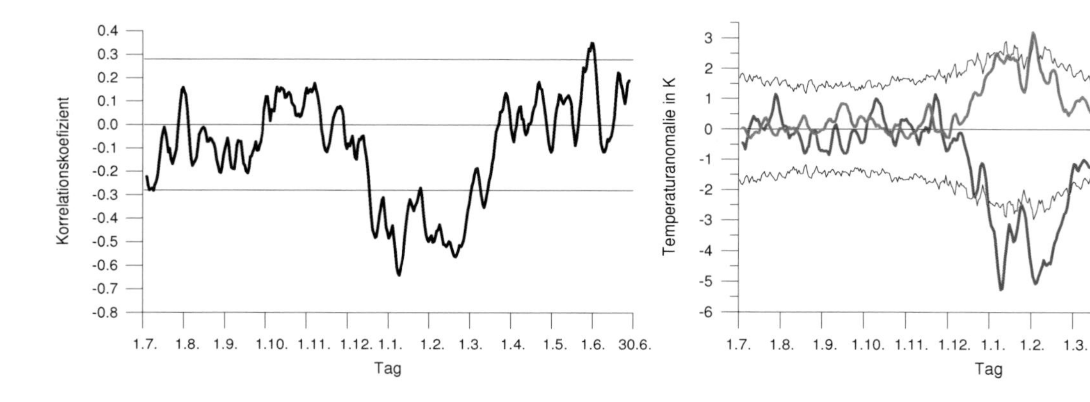

Abbildung 5.5: Fünftägig übergreifend gemittelte Rangkorrelationskoeffizienten nach SPEARMAN zwischen der flächenbezogenen Eisvolumensumme der deutschen Ostseeküste und den Tagesmitteltemperaturen von Warnemünde 1946/47-2004/05. Dargestellt ist der Zeitraum vom 01. Juli bis zum 30. Juni. Dünne Linien: 95 %-Signifikanzniveaus und Nulllinie

Abbildung 5.6: Fünftägig übergreifend gemittelte Anomalien der Tagesmitteltemperatur von Warnemünde 1946/47-2004/05 in schwachen Eiswintern (VAS <0,5 m) und eisreichen Wintern (VAS > 4 m). Dargestellt ist der Zeitraum vom 01. Juli vor bis zum 30. Juni nach dem Eiswinter. Dünne Linien: 95 %-Signifikanzniveaus und Nulllinie

Anschließend wird der Grad der Korrelation schnell größer, so dass am Ende der ersten Januardekade die absolut höchsten Werte von $r_S = -0{,}74$ erreicht werden. Dies entspricht dem ersten Maximum des mittleren täglichen Eisvorkommens (Abschnitt 5.2). Zum Monatswechsel Januar/Februar wird die Korrelation spürbar schwächer (relatives Minimum des Eisvorkommens). Im Februar sind die Korrelationskoeffizienten stabiler, wobei ähnlich hohe Beträge wie Anfang Januar erreicht werden (zweites Maximum des Eisvorkommens). Ende Februar beginnt ein langsames Abnehmen der Korrelation in dessen Verlauf Mitte März der signifikante Bereich verlassen wird. Danach pendeln sich die Werte unter größeren Schwankungen auf Werte um $r_S = 0{,}0$ ein. Als eine wesentliche Eigenschaft bleibt festzuhalten, dass der statistisch signifikante Zusammenhang zwischen Lufttemperatur und Meereisvorkommen spät einsetzt, aber relativ lange bis in das Frühjahr hineinreicht.
Verifiziert wurden diese Ergebnisse durch eine Analyse der täglichen Temperaturanomalien und deren Signifikanz um die 28 schwachen (VAS < 0,5 m) und die 12 starken sowie sehr starken Eiswinter (VAS $\geq$ 4 m). Beide Temperaturkurven verlaufen nahezu spiegelbildlich zur Nulllinie, im Detail werden einige Unterschiede im Grad der statistischen Kopplung dieser Winter mit den Eisverhältnissen deutlich. In schwachen Eiswintern liegen die Temperaturano-

malien mit ΔT_L = 2 K von Anfang Januar bis Mitte Februar im Bereich des 95 %-Signifikanzniveaus, ohne es deutlich zu überschreiten (Abb. 5.6).

In starken und sehr starken Eiswintern wird das 95 %-Niveau mit Temperaturanomalien im Bereich von ΔT_L = -6...-2 K von Mitte Dezember bis Anfang März überwiegend durchgängig überschritten. Auch hier treten das Weihnachtstauwetter und der Monatswechsel Januar/Februar als Abschnitte mit abgeschwächten negativen Temperaturanomalien hervor. Entsprechend der Dauer des Eisvorkommens liegt in starken bzw. sehr starken Eiswintern eine wesentlich längere und stärkere statistisch signifikante Bindung zur VAS vor als in schwachen Eiswintern.

Mit der Maximum-Entropie-Spektralanalyse bzw. mit der numerischen Filterung (OLBERG 1988, SCHÖNWIESE 2000) können signifikante Perioden (95 %-Signifikanzniveau) bei etwa 2,3 Jahren und bei 7 bis 8 Jahren nachgewiesen werden (Abb. 5.7). Während erstere mit der bekannten QBO korrespondiert (vgl. Kap. 3) sind die Ursachen für die längere Periode nicht bekannt. Da das Meereis eine sekundäre Größe ist, muss sich eine entsprechende Periode bei Parametern der Zirkulation und bei der Lufttemperatur zeigen. Den Nachweis der etwa achtjährigen Periode haben KONČEK und CEHAK (1969) bei der Untersuchung der Wiederkehr kalter Winter in Mitteleuropa, STELLMACHER und TIESEL (1989) für die Kältesumme von Berlin und LOEWE und KOSLOWSKI (1994) für die flächenbezogene Eisvolumensumme und den NAO-Winterindex geführt.

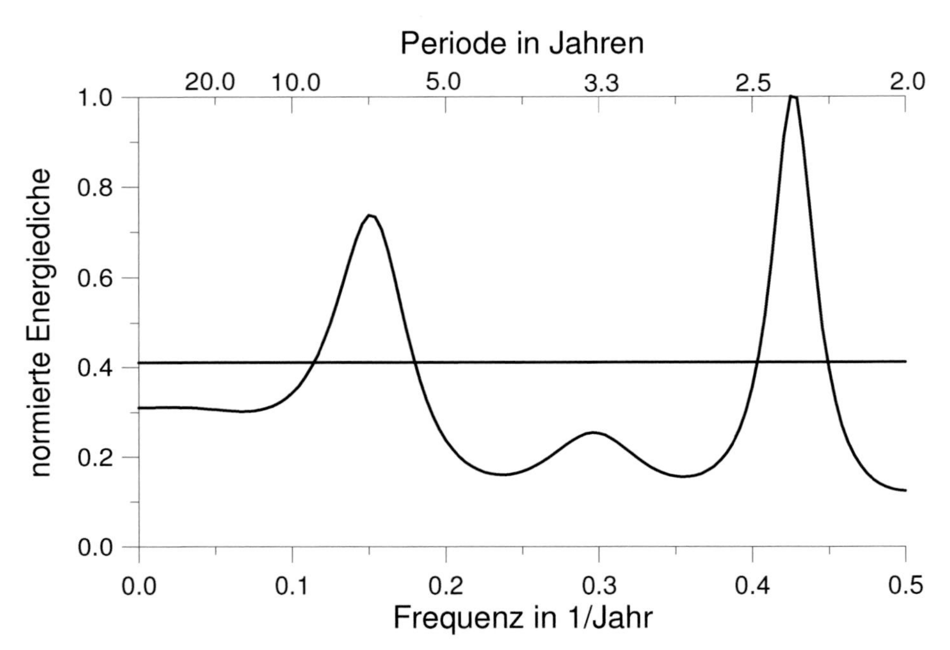

Abbildung 5.7: Maximum-Entropie-Spektrum (Ordnung der Autoregression = 11) der flächenbezogenen Eisvolumensumme der deutschen Ostseeküste 1878/79-2004/05. Horizontale Linie: 95 % Signifikanzniveau (Modell weißes Rauschen)

Die hochvariablen Eisverhältnisse prägen im Winter – und im Fall sehr strenger Winter bis in das Frühjahr hinein – das thermische Milieu des Küstenstreifens in charakteristischer Weise mit. Das gilt in ganz regelmäßiger Weise für die inneren Küstengewässer, die in den meisten Wintern längere oder kürzere Zeit zufrieren und die maritimen wirtschaftlichen Aktivitäten behindern oder gar unterbinden. Die Veränderungen des Meereises an den Außenküsten vollziehen sich in einem breiten Maßstabsbereich. Während sich Treibeisvorkommen von Tag zu Tag stark verändern können, bleiben Festeis und daraus entstehendes Packeis über Wochen bis Monate erhalten. Die Variationen von Jahr zu Jahr sind hier sehr groß. Denen sind langfristige Veränderungen überlagert, auf die im folgenden Kapitel eingegangen wird.

6 Das Küstenklima im Wandel

6.1 Einführung

Wie in allen anderen Teilen der Welt sind auch das Seegebiet der Ostsee und deren verschiedene Küstenregionen von rezenten klimatischen Änderungen betroffen. Diese erregten schon früh die Aufmerksamkeit, was besonders für die in der Ostsee beträchtlichen klimatischen und meeresklimatischen Variationen gilt, die in dem Gebiet in der Folge der ersten globalen Erwärmung im 20. Jahrhundert (bekannt geworden unter dem Schlagwort „Erwärmung des Nordpolargebietes“, s. HUPFER und TINZ 2006) unübersehbar waren. Das betraf nicht nur die Aufeinanderfolge milder Winter und langer warmer Sommer in den 1930er Jahren. Auswirkungen wurden für die Wassertemperatur der Ostsee und für andere hydrographische Parameter beschrieben, aber auch für biologische Veränderungen, für das Eisvorkommen im Winter, für bestimmte Umsteuerungen der Küstendynamik unter dem Einfluss korrespondierender Zirkulationsänderungen und für Veränderungen in der Häufigkeit von Sturmhoch- und Sturmniedrigwasserereignissen (u.a. HUPFER 1962). Sowohl für die Nordsee- als auch für die Ostseeküste wurde eine signifikante Verlängerung der Badesaison, insbesondere im Herbst, gefunden.
Das bestätigt die allgemein anerkannte These, dass die oft dicht besiedelten Küstenregionen besonders empfindlich auf Klimaschwankungen reagieren. Es ist daher geboten, die Langzeitentwicklung der meteorologischen und ozeanographischen Größen sorgfältig zu verfolgen und darüber hinaus die Ergebnisse von unter bestimmten Randbedingungen gewonnenen Ergebnisse von Klimamodellexperimenten kritisch auszuwerten.

6.2 Klimatische Schwankungen seit Mitte des 19. Jahrhunderts

6.2.1 Datengrundlage

Nachfolgend werden an Hand der bereits in den Kap. 3, 4 und 5 vorgestellten Zeitreihen rezente Änderungen der thermischen Verhältnisse im Bereich der deutschen Ostseeküste untersucht. Die Lage der Stationen ist in der Abb. 6.1 dargestellt; die wichtigsten Daten sind in Tab. 6.1 zusammengefasst.
Für die **Lufttemperatur** können hier die Monatsmittel von Putbus (Rügen, ca. 3 km von der Küste entfernt) und Kirchdorf (Poel, < 1 km Küstenentfernung) herangezogen werden. Beide Reihen beginnen bereits im Jahr 1853, so dass Informationen über 150 Jahre Klimageschichte vorliegen. Kurze Lücken in den Reihen wurden untereinander mittels linearer Regression geschlossen (s. Abschnitt 3.3).
Um die lokale Entwicklung in den regionalen bzw. globalen Kontext einordnen zu können, werden weitere lange Reihen mit in die Analyse einbezogen. Für Deutschland wurde von MÜLLER-WESTERMEIER (1995) auf der Grundlage der verfügbaren und beim Deutschen Wetterdienst einer Qualitätskontrolle unterzogenen Beobachtungen mit einem Regressionsverfahren ein Rasterdatensatz entwickelt, der die Monatsmittel der Lufttemperatur in einer Auflösung von 1 km x 1 km enthält. Die Kartendarstellungen der Temperatur und anderer Größen ab 2001 sind unter http://www.dwd.de/de/FundE/Klima/KLIS/daten/online/klimakarten/index.htm abrufbar. Das Mittel aller Gitterpunkte kann als repräsentativ für Deutschland angesehen werden. Diese Werte liegen ab 1901 fortlaufend vor.
Für den globalen Scale konnte der Gitterpunktdatensatz der bodennahen Temperatur der University of East Anglia verwendet werden, dessen ständig aktualisierten Werte unter

http://www.cru.uea.ac.uk/cru/data/temperature/ verfügbar sind. Die auf einem 5° x 5° Gitter vorliegenden Monatsmittelwerte beginnen im Jahr 1856 (JONES und MOBERG 2003).

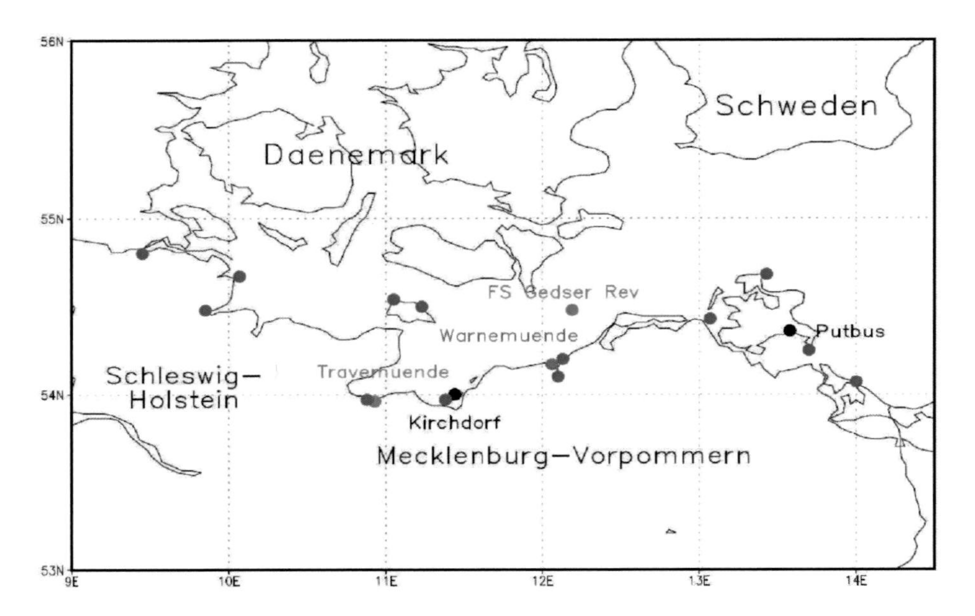

Abbildung 6.1: Lange Reihen thermischer Größen im Bereich der deutschen Ostseeküste. Schwarz: Monatsmittel der Lufttemperatur von Putbus und Kirchdorf 1853-2003, rot: Gefühlte Temperatur von Warnemünde 1967-2004, grün: Wassertemperatur vom Feuerschiff Gedser Rev 1897-1976 und von Travemünde 1946-2004 sowie blau: 13 Eisbeobachtungsstationen für die flächenbezogene Eisvolumensumme 1878/79-2004/05. Zu den Quellenangaben s. Tab. 6.1

Tabelle 6.1: Angaben zu den Stationen, von denen lange Reihen der Lufttemperatur (T_L), der Wassertemperatur (T_W), der Gefühlten Temperatur (T_G), der flächenbezogenen Eisvolumensumme (VAS), der reduzierten Eissumme (RES) und des Luftdrucks (SLP) vorliegen. Daten: 1) Deutscher Wetterdienst Offenbach a.M., 2) University of East Anglia (http://www.cru.uea.ac.uk/cru/data/temperature/), 3) Danish Meteorological Institute/Institut für Ostseeforschung Warnemünde, 4) Wasser- und Schifffahrtsdirektion Nord, Lübeck, 5) Bundesamt für Seeschifffahrt und Hydrographie Hamburg und Rostock, 6) National Center for Atmospheric Research, Boulder (http://dss.ucar.edu/datasets/ds010.1)

Station	Größe	Breite	Länge	Dauer	Wert
Putbus[1)]	T_L	54°22´ N	13°29´ E	1853-2003	Monatsmittel
Kirchdorf/Poel[1)]	T_L	54°00´ N	11°26´ E	1853-2003	Monatsmittel
Gitterfeld[2)]	T_L	50-60° N	5-15° E	1865-2003	Monatsmittel
Deutschland[1)]	T_L	-	-	1901-2004	Monatsmittel
Welt[2)]	T_L	90° S-90° N	180° W-180° E	1856-2004	Monatsmittel
FS Gedser Rev[3)]	T_W	54°26' N	12°09' E	1897-1976	Terminwerte 08 MEZ
Travemünde[4/5)]	T_W	53°58´ N	10°53´ E	1947-2004	Terminwerte 08 MEZ
Warnemünde[1)]	T_G	54°11´ N	12°05´ E	1967-2004	Terminwerte 12 MOZ
Ostseeküste[5)]	VAS	-	-	1879-2005	Wert für Eissaison
Ostseeküste[5)]	RES	-	-	1897-2005	Wert für Eissaison
Nordhemisphäre[6)]	SLP	15°-90° N	180° W-180° E	1856-2004	Monatsmittel

Da Klimaschwankungen in Mitteleuropa eng mit Zirkulationsschwankungen im nordatlantisch-europäischen Gebiet zusammenhängen, erfolgte ebenfalls die Analyse des Luftdruckfeldes in diesem Gebiet. Dazu wurde der nordhemisphärische Gitterpunktdatensatz des **Luftdruck**s vom National Center for Atmospheric Research (NCAR) Boulder (USA) herangezogen. Er hat ebenfalls eine Auflösung von 5° x 5° in zonaler bzw. meridionaler Richtung und die Daten liegen für die Jahre ab 1899 vor (s. TRENBERTH und PAOLINO 1980). Die regelmäßig aktuali-

sierten Werte des Datensatzes ds010.1 können unter http://dss.ucar.edu/datasets/ds010.1 abgerufen werden.
Die sich überlappenden Reihen der 08 MEZ-Tageswerte der **Wassertemperatur** vom dänischen Feuerschiff (FS) Gedser Rev (1897-1976) und von Travemünde (1947-2004) waren Grundlage für die Ableitung der beiden Standardreihen „Offene See“ und „Ufernahe Zone“. Bestimmt wurden zusätzlich die Reihen der Dauer der Badesaison, die als Anzahl der Tage mit Wassertemperaturen größer als 15 °C zum Termin definiert wurde (vgl. Abschnitt 3.4).
Für die Beurteilung der thermischen Komponente im **Bioklima** des Menschen liegen die notwendigen vollständigen synoptischen Eingangsdaten für die Wetterwarte Warnemünde im vergleichsweise kurzen Zeitraum 1967-2004 vor (s. Kap. 4). Da die Gefühlte Temperatur eng an die Lufttemperatur gekoppelt ist, können unter der Annahme, dass sich alle anderen meteorologischen Größen nicht geändert haben, mit gebotener Vorsicht qualitative Aussagen über die Entwicklung des Strand-Bioklimas getroffen werden.
Der zeitliche Verlauf der Strenge der **Eiswinter** wird auf der Grundlage der Zeitreihen der flächenbezogenen Eisvolumensumme und der reduzierten Eissumme nachvollzogen, deren Werte für die Winter 1878/79-2004/05 bzw. 1896/97-2004/05 zur Verfügung stehen (weitere Angaben im Kap. 5).

6.2.2 Lufttemperatur

Da die Reihen der Monatsmittel der Lufttemperatur von Kirchdorf und Putbus untereinander eine sehr hohe Korrelation aufweisen (r_P = 0,87 (Juli) ... 0,99 (Februar)) wird im weiteren Verlauf nur die zentral gelegene Kirchdorfer Reihe herangezogen. Deren Mittelwerte für verschiedene Zeitabschnitte sowie Trendangaben für Monate, Jahreszeiten und Jahre sind in Tab. 6.2 zusammen gestellt. Die Signifikanz des linearen Trends wird nach Angaben von WERNER und GERSTENGARBE (2003) bestimmt. Dazu erfolgt zunächst die Berechnung des Rangkorrelationskoeffizienten nach SPEARMAN r_S (SCHÖNWIESE 2000):

$$r_S = 1 - \frac{6\sum_{i=1}^{n} d_i^2}{n(n^2 - 1)}.$$

Die Variablen stehen für:

- n Anzahl der Wertepaare,
- d: Rangdifferenzen und
- i: Laufindex (i=1,..., n).

Der Wert der Testvariablen t wird mit

$$t = r_S \sqrt{\frac{n-2}{1-r_S^2}}$$

bestimmt. Der Trend ist signifikant, wenn der t-Wert über den in Tabellen vorliegenden Wert der Standard-Student-Verteilung liegt, dem ein bestimmtes Signifikanzniveau zugeordnet ist (z.B. in SCHÖNWIESE 2000).
Der lineare Trend der Kirchdorfer Lufttemperaturreihe ist in allen Monaten positiv, und er liegt im Abschnitt 1853-2003 zwischen 0,2 K/100 a im Juni und 1,4 K/100 a im November. Bis auf die Monate Februar, Juni und September ist er auf dem 95 %-Niveau signifikant von Null verschieden. Für das Jahresmittel ergibt sich ein Trendwert von 0,8 K/100 a. Der Anstieg der Temperatur erfolgt unter Schwankungen (Abb. 6.2). Ausgehend von niedrigen Werten in der zweiten Hälfte des 19. Jahrhunderts stellt sich bis in die 40er Jahre des 20. Jahrhunderts eine deutliche Zunahme um etwa 0,5 K ein. Die negativen Abweichungen 1940-1942 beruhen auf

den extrem kalten Wintern in diesen Jahren (vgl. Abb. 6.3). In den nachfolgenden Jahrzehnten tritt eine vorübergehende Abnahme ein, bevor ab etwa 1970 der spürbare bis heute anhaltende Anstieg einsetzt. Ab etwa 1985 wird das Temperaturniveau der 1940er Jahre erreicht und überschritten.

Tabelle 6.2: Monatsmittel (MW) der Lufttemperatur in °C und linearer Trend (Tr in K/100 a) von Kirchdorf (Poel) 1853-2003, des globalen Mittels (Welt), des Mittels 50-60° N, 5-15° E (Jones-Grid) und von Deutschland jeweils 1901-2000. Saison = Mai-September. Auf dem 95 %-Niveau signifikante Trendwerte sind **fett** hervorgehoben

Zeitraum	Jan	Feb	Mar	Apr	Mai	Jun	Jul	Aug	Sep	Okt	Nov	Dez	Jahr	Frj	Som	He	Wi	Saison
MW 1853-2003	0,0	0,4	2,9	6,9	11,7	15,2	17,1	16,8	13,7	9,2	4,3	1,3	8,3	7,2	16,4	9,1	0,6	14,9
Tr 1853-2003	**1,0**	0,8	**1,0**	**0,7**	**0,9**	0,2	**0,5**	**0,8**	0,3	**0,7**	**1,4**	**1,1**	**0,8**	**0,9**	**0,5**	**0,8**	**0,9**	**0,5**
Tr 1901-2000	0,5	0,9	0,8	**1,0**	0,6	0,6	0,5	**1,4**	**0,8**	**1,2**	**1,1**	0,7	**0,8**	**0,8**	**0,8**	**1,0**	0,6	**0,8**
Tr Welt	**0,7**	**0,7**	**0,8**	**0,7**	**0,7**	**0,6**	**0,6**	**0,6**	**0,6**	**0,6**	**0,6**	**0,7**	**0,7**	**0,7**	**0,6**	**0,6**	**0,7**	**0,6**
Tr 50-60° N, 5-15° E	0,4	0,6	0,7	**0,7**	**0,7**	**0,7**	0,4	**1,2**	**0,8**	**0,9**	**1,0**	0,6	**0,8**	**0,7**	**0,8**	**0,9**	0,5	**0,5**
Tr Deutschland	0,6	0,5	0,6	0,6	0,1	0,2	0,4	**1,3**	**0,7**	**0,9**	**0,9**	0,6	**0,6**	0,5	**0,7**	**0,8**	0,4	**0,6**

Die Streuung der Jahreswerte um das langjährige Mittel ist ebenfalls Schwankungen unterworfen. Ausgehend von einer großen interannuellen Variabilität bis 1880 folgen in den nächsten 20 Jahren überwiegend negative Abweichungen von im Mittel fast 1 K. Danach wird die Schwankungsbreite wieder größer. Bemerkenswert ist, dass im 16-jährigen Zeitraum 1988-2003 bis auf das Jahr 1996 nur positive Anomalien auftraten.

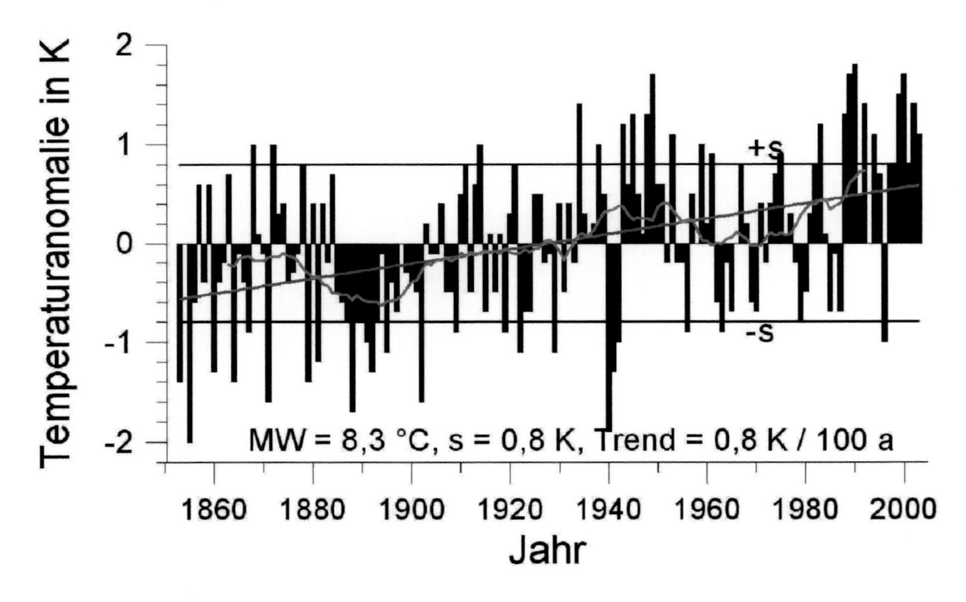

Abbildung 6.2: Anomalien der Jahresmittel der Lufttemperatur von Kirchdorf/Poel 1853-2003 (gleichzeitig Bezugsperiode) in K. Mit eingetragen sind der lineare Trend (blaue Linie), das 21-jährig übergreifende Mittel (rote Linie) sowie die Standardabweichung s

In den einzelnen Jahreszeiten liegen die (signifikanten) linearen Trendwerte recht einheitlich zwischen 0,5 K/100 a im Sommer und 0,9 K/100 a im Winter und Frühjahr (Abb. 6.3). Dabei können einige Unterschiede, in einzelnen Subintervallen auch gegenläufige Trends identifiziert werden.

Im Winter tritt das erste relative Maximum der Lufttemperatur bereits um 1920 auf, da die nachfolgenden Jahre durch die extrem kalten Winter 1928/29, 1939/40-1941/42 und 1946/47 geprägt sind. Das in den 1940er Jahren erreichte Temperaturniveau bleibt bis etwa 1980 erhalten, bevor in Übereinstimmung mit dem Jahresmittel ein deutlicher Anstieg einsetzt. Der Tem-

peraturverlauf im Frühjahr weist, bis auf die deutlich kleinere Streuung ein ähnliches Verhalten auf wie im Winter. Die Extremwinter in den 40er Jahren wirken sich nur schwach aus. Im Sommer sind 3 Phasen um 1870, um 1940 und ab 1985 mit einem hohen Temperaturniveau auszumachen, die von einer längeren Periode von 1880-1925 sowie einer kürzeren um 1970 unterbrochen werden, in denen relativ niedrige Temperaturen vorherrschten. Der Herbst ist durch 2 Abschnitte mit jeweils einheitlichem Temperaturniveau gekennzeichnet. Bis 1920 überwiegen negative Anomalien der Jahreszeitenmittel der Lufttemperatur. Danach steigt die Temperatur rasch an, um ab 1940 auf dem etwa 1 K höheren Niveau zu verharren. Dabei liegt das Temperaturniveau Mitte des 20. Jahrhunderts noch etwas über dem in den letzten beiden Dezennien der Zeitreihe.
Zusammenfassend kann festgestellt werden, dass das erste Maximum zwischen 1930 und 1950 vor allem auf einer vorübergehenden Erhöhung der Sommer- und Herbsttemperaturen beruht, während der finale Anstieg ab 1980 alle Jahreszeiten gleichmäßig erfasst.

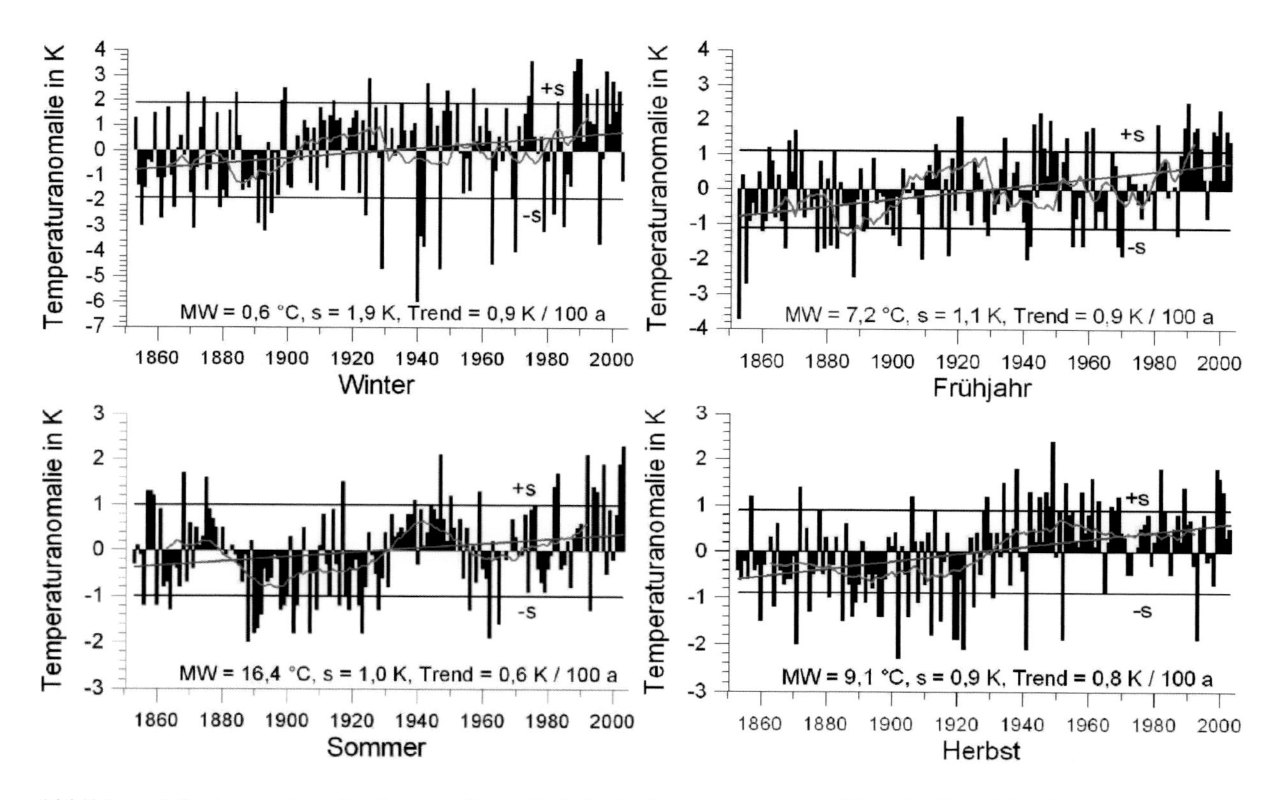

Abbildung 6.3: Anomalien der Jahreszeitenmittel der Lufttemperatur von Kirchdorf/Poel 1853-2003 (gleichzeitig Bezugsperiode) in K. Mit eingetragen sind der lineare Trend (blaue Linie), das 21-jährig übergreifende Mittel (rote Linie) sowie die Standardabweichung s

Diese eben vorgestellte Temperaturentwicklung korreliert eng mit dem Verlauf des Jahresmittels der global gemittelten bodennahen Lufttemperatur (vgl. auch HOUGHTON et al. 2001), wo sich für den Vergleichszeitraum 1901-2000 ein Anstieg um 0,7 K zeigt (Abb. 6.4). Im Unterschied zur weltweiten Entwicklung sind an der Station Kirchdorf die beiden Warmphasen in den 1940er und 1990er Jahren vom Niveau her nahezu vergleichbar, während im globalen Mittel das letzte Dezennium 0,4 K wärmer ist als die 1940er Jahre.
Für einen weiteren Vergleich sollen die 4 Gitterpunkte des Jones-Datensatzes herangezogen werden, die das Gebiet 50-60° N und 5-15° E abdecken. Die Eckpunkte dieses Gitterelementes liegen in Südwestnorwegen, Mittelschweden, Tschechien und Luxemburg und umfassen somit das Gebiet der südwestlichen Ostsee. Im Vergleichzeitraum 1901-2000 stimmt der Trendwert

des Jahresmittels mit 0,8 K/100 a genau mit dem von Kirchdorf überein (Abb. 6.5). Auch in den einzelnen Monaten und Jahreszeiten liegen die Abweichungen im Bereich von 0,1 K.

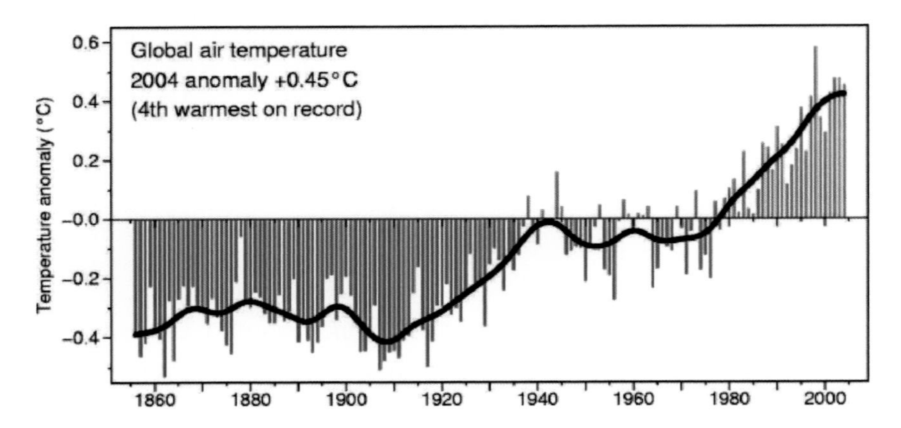

Abbildung 6.4: Anomalien der global gemittelten Jahreswerte der Lufttemperatur in Bodennähe (2 m-Niveau) in K 1856-2004 im Vergleich mit der Bezugsperiode 1961-90 nach JONES und MOBERG (2003) (aus http://www.cru.uea.ac.uk/cru/info/warming/)

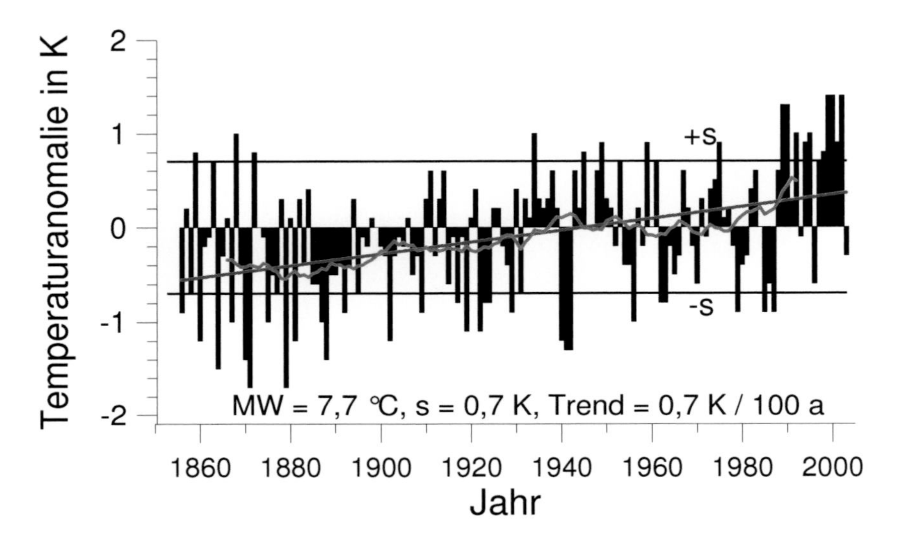

Abbildung 6.5: Anomalien der Jahresmittel der Lufttemperatur des Gebietes 50-60° N, 5-15° E in K 1865-2004 (s. Tab. 6.1). Mit eingetragen sind der lineare Trend (blaue Linie), das 21-jährig übergreifende Mittel (rote Linie) sowie die Standardabweichung s

Das Jahresmittel der Lufttemperatur auf der Basis des 1 km-Gitterpunktdatensatzes nach MÜLLER-WESTERMEIER (1995) ähnelt den gerade vorgestellten Zeitreihen stark. Der Anstieg der Temperatur fällt mit 0,6 K/100 a etwas geringer aus (MÜLLER-WESTERMEIER 2002, Abb. 6.6, Tab. 6.2). Auch hier liegen die Werte in den 1940er Jahren nur unwesentlich unter denen der letzten beiden Dezennien.

Eine weitere Reihe des Gebietsmittels der Lufttemperatur von Deutschland hat RAPP (2000a) aufgestellt. Dieser, auf der Basis der jeweils verfügbaren Stationsdaten erhobene Datensatz beginnt bereits im Jahr 1761. Er kann in zwei Teilabschnitte unterteilt werden (SCHÖNWIESE 2003). Bis etwa 1880 dominieren niedrige Werte, es ist sogar eine leichte Abnahme des Temperaturniveaus erkennbar. Danach setzt der bei den anderen Zeitreihen gefundene, unter Schwankungen erfolgende Temperaturanstieg ein. Dieser in allen vorgestellten Zeitreihen zu findende, allgemeine und unter Schwankungen erfolgende Anstieg der Lufttemperatur kann als Zusammenspiel natürlicher und anthropogener Klimaschwankungen erklärt und modelliert werden (HOUGHTON 2004).

Zur Frage der zeitlichen Persistenz der in dieser Arbeit verschiedentlich vorgestellten Perioden in den Zeitreihen sollen stellvertretend die Kirchdorfer Wintertemperaturen einer gleitenden Maximum-Entropie-Spektralanalyse unterzogen werden. Dabei zeigt sich, dass die bereits bei der flächenbezogenen Eisvolumensumme gefundenen Perioden von 2,3 Jahren und 7-8 Jahren nicht im gesamten Zeitraum von 1853-2003 persistent auftreten (Abb. 6.7). Vor 1900 kann die 2,3-jährige Periode nicht nachgewiesen werden. Die 7-8-jährige Periode beginnt am Anfang der Zeitreihe als 5-6-jährige Periode, deren Wellenlänge sich im weiteren Verlauf auf 8-9 Jahre erhöht. Noch deutlicher wird dieser Befund, wenn längere Zeitreihen untersucht werden, wie die der maximalen jährlichen Eisbedeckung der Ostsee nach JURVA (1944), deren Werte ab 1720 verfügbar sind (TINZ 1995).

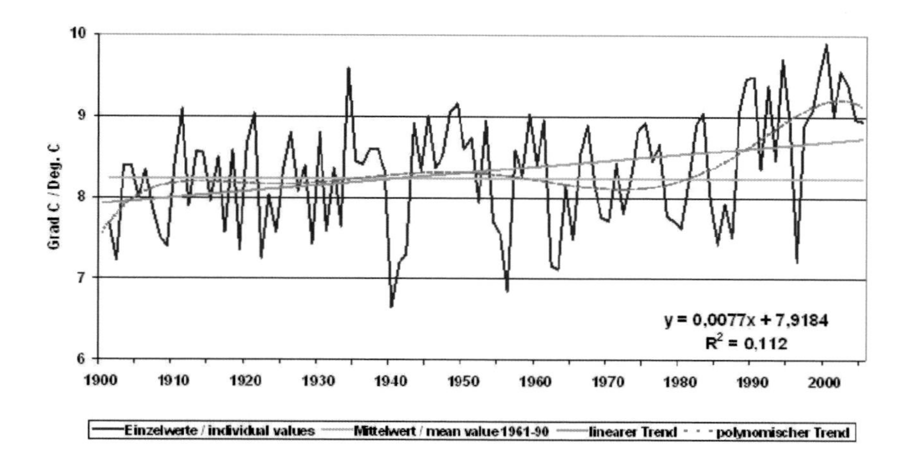

Abbildung 6.6: Jahresmittel der Lufttemperatur in °C von Deutschland (blaue Linie) auf der Grundlage des 1 km-Rasterdatensatzes von Deutschland (MÜLLER-WESTERMEIER 1995). Mit eingetragen sind das Mittel 1961-90 (lila Linie), der lineare Trend (rosa Linie) und ein polynomischer Trend (gestrichelte rote Linie)

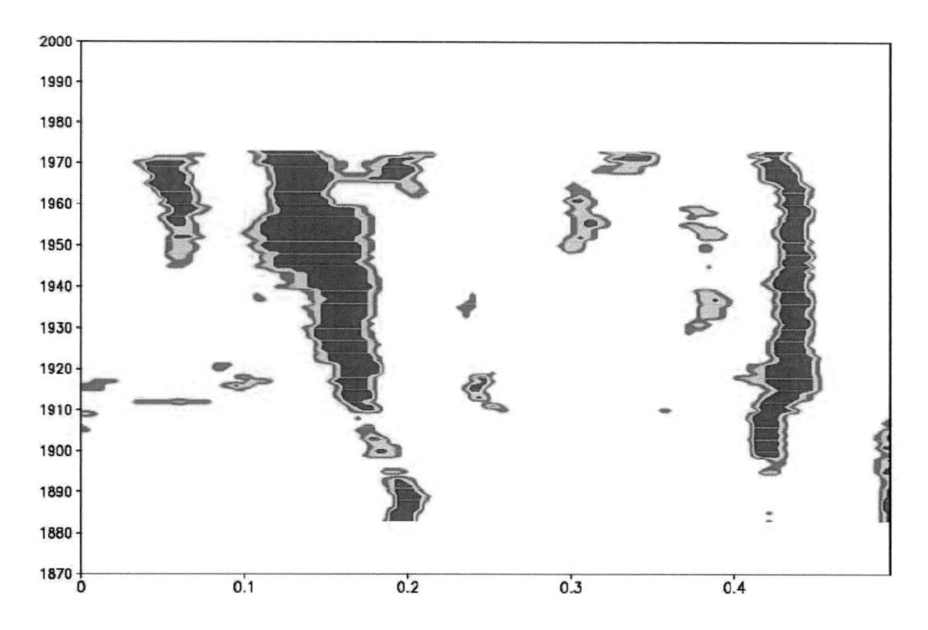

Abbildung 6.7: Gleitende Maximum-Entropie-Spektralanalyse der Wintermittel der Lufttemperatur von Kirchdorf/Poel 1853-2003. Das Analyse-Intervall, das schrittweise um 1 Jahr verschoben wurde, hat eine Länge von 61 Jahren. Die Ordnung der Autoregression beträgt 14. Die Farben stehen für die folgenden Signifikanzniveaus: grün = 90 %, gelb = 95 % und rot = 99 %

6.2.3 Wassertemperatur und Badetage

Die oberflächennahen Wassertemperaturen in der Westlichen Ostsee zeigen seit den 20er Jahren des 20. Jahrhunderts bis in die 50er Jahre einen allgemeinen Anstieg der vor allem das Sommerhalbjahr erfasst (HUPFER 1962a). Dieses Verhalten korrespondiert mit einer deutlichen Zunahme der Zahl der Badetage in diesem Zeitraum. HUPFER (1962b) kommt bei der Untersuchung der Daten des FS Gedser Rev für den Zeitraum 1931/60 auf eine Verlängerung der Badesaison auf 73 Tage gegenüber 54 Tage im Zeitraum 1901/30. Dabei hat sich die Badesaison vor allem in den September hinein ausgeweitet. In den sich anschließenden Jahren kommt es zu einer leichten Abnahme der Temperaturen.
Eine ähnliche Entwicklung wurde u.a. auch an der deutschen Nordseeküste (GOEDECKE 1953) und in den Gewässern vor der finnischen Küste (HAAPALA und ALENIUS 1994) festgestellt. Auch in den tieferen Schichten der Ostsee ist dieser Temperaturverlauf nachweisbar. MATTHÄUS (1996) zeigt einen Anstieg der Wassertemperatur im 200 m-Horizont des Gotlandbeckens von 1870 bis etwa 1950, dem sich dann eine leichte Abnahme anschließt.
Die hier durchgeführten Untersuchungen bestätigen die früheren Ergebnisse. Die bereits im Abschnitt 3.4 vorgestellte Standardreihe „Ufernahe Zone" beruht auf Messungen von Travemünde 1948-2004, die mit Hilfe der Daten vom FS Gedser Rev bis 1897 zurück verlängert wurde. In der Tab. 6.3 sind die Monats- und Jahreszeitenmittelwerte und der lineare Trend dieser Zeitreihen für verschiedene Zeitabschnitte zusammengefasst.

Tabelle 6.3: Monatsmittel (MW) der Oberflächenwassertemperatur in °C zum Termin 08 MEZ und linearer Trend (Tr in K / 100 a) von Travemünde („Ufernahe Zone", s. Text) 1897-2004. Saison = Mai-September. Auf dem 95 %-Niveau signifikante Trendwerte sind **fett** hervorgehoben

Zeitraum	Jan	Feb	Mar	Apr	Mai	Jun	Jul	Aug	Sep	Okt	Nov	Dez	Jahr	Frj	Som	He	Wi	Saison
MW 1897-2004	2,0	1,8	2,9	6,3	11,5	15,5	17,9	17,9	15,3	11,5	7,2	4,1	9,5	6,9	17,1	11,3	2,6	15,6
Tr 1897-2004	**1,2**	0,5	0,2	0,2	0,4	0,5	-0,4	**1,5**	**1,4**	**1,3**	**1,8**	**1,3**	**0,8**	0,3	0,6	**1,5**	**1,1**	**0,7**
Tr 1901-2000	**1,2**	0,6	0,2	0,1	0,1	0,6	-0,5	**1,2**	**1,5**	**1,2**	**2,1**	**1,7**	**0,8**	0,1	0,4	**1,6**	**1,0**	0,6

Der lineare Trend der Jahresmittelwerte von 0,8 K / 100 a entspricht im Vergleichszeitraum 1901-2000 dem Wert der Kirchdorfer Lufttemperaturreihe (vgl. Tab. 6.2). Auch hier erkennt man verschiedene Zeitperioden mit unterschiedlichen Trends (Abb. 6.8).
Der Zeitraum von 1897 bis etwa 1930 zeichnet sich im Jahresmittel durch unterdurchschnittliche Temperaturen aus, die insbesondere durch niedrige Werte im Herbst hervorgerufen werden (Abb. 6.9). Das Minimum um 1920 wird vor allem durch ein kurzzeitiges Absinken der Sommertemperaturen verursacht. Danach steigen insbesondere die Sommer- und die Herbsttemperaturen an. Es folgt eine von etwa 1930 bis 1950 dauernde Phase mit überdurchschnittlichen Jahresmitteltemperaturen. Dabei werden die unternormalen Wintertemperaturen (die 3 kältesten Winter dieses Jahrhunderts fallen in die 1940er Jahre) durch die übernormalen Sommertemperaturen überkompensiert, was auch damit zusammenhängt, dass im Gegensatz zur Lufttemperatur mit der Gefriertemperatur des Wassers eine untere Schranke gegeben ist, die nicht unterschritten werden kann.
Von 1950 bis 1965 sinken die Temperaturen wieder, wobei der Trend alle Jahreszeiten erfasst. Danach folgen zwei Maxima der Temperatur um 1970 und ab Anfang der 90er Jahre, die von einem Minimum um 1980 getrennt werden. Im Unterschied zur Lufttemperatur liegen die Werte am Ende des 20. Jahrhunderts nicht deutlich über denen in den 1940er Jahren.

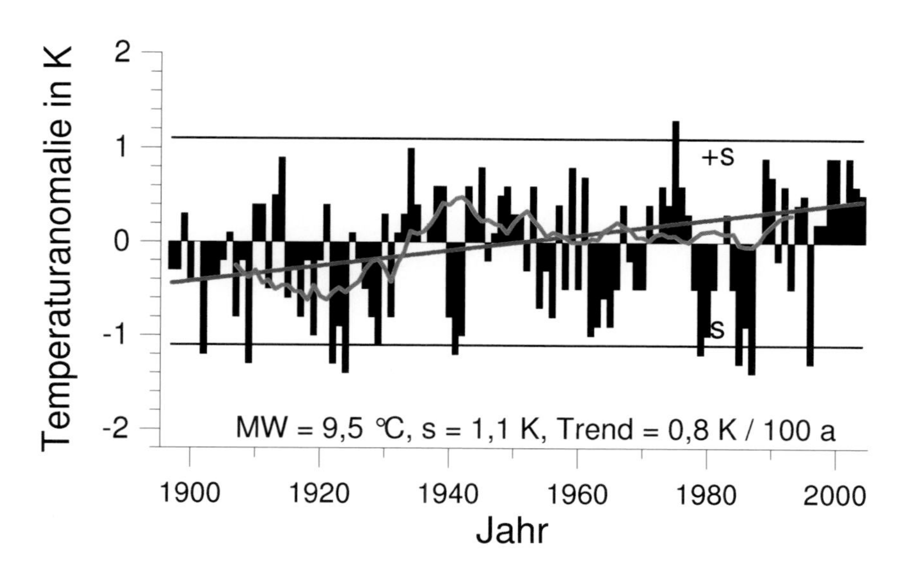

Abbildung 6.8: Anomalien der Jahresmittel der Wassertemperatur zum Termin 08 MEZ in °C von Travemünde („Ufernahe Zone“) 1897-2004 (Werte vor 1947 mit Daten vom FS Gedser Rev reduziert, s. Text). Mit eingetragen sind der lineare Trend (blaue Linie), das 21-jährig übergreifende Mittel (rote Linie) sowie die Standardabweichung s

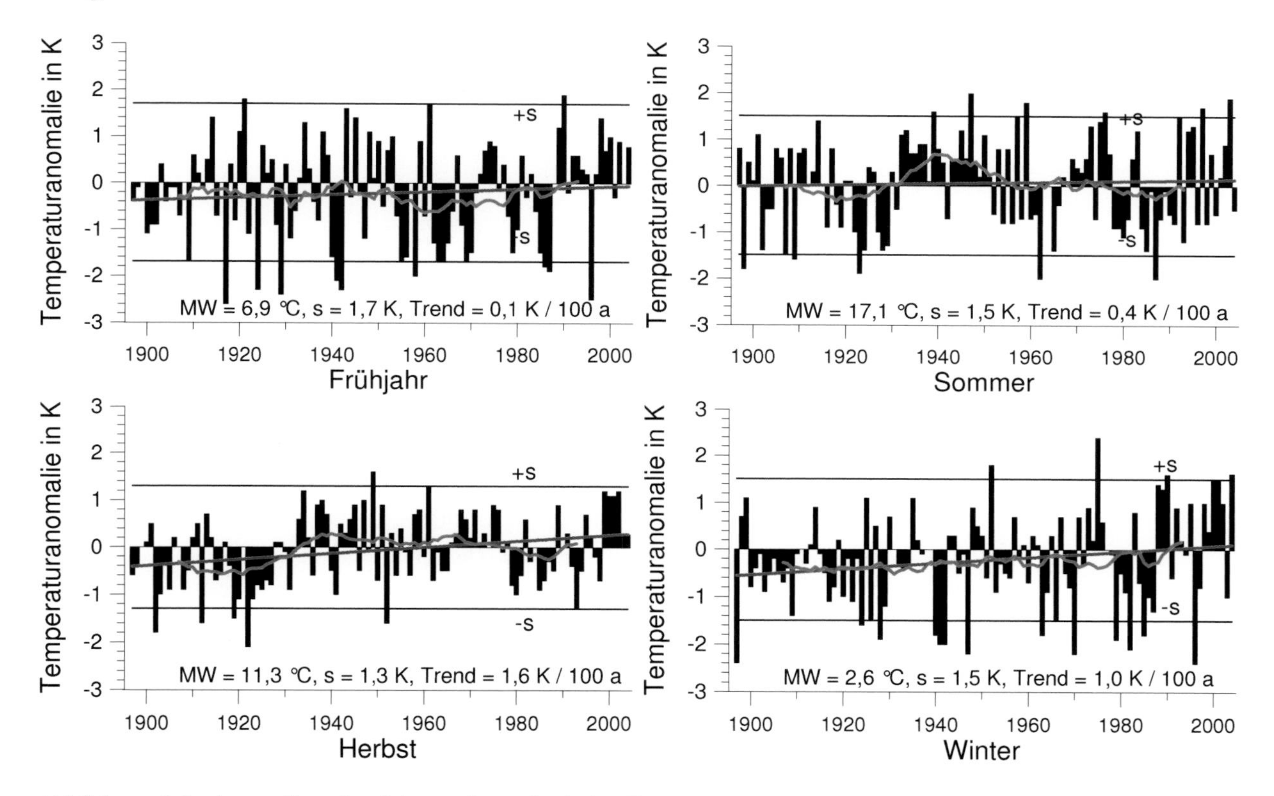

Abbildung 6.9: Anomalien der Jahreszeitenmittel der Wassertemperatur zum Termin 08 MEZ in °C von Travemünde („Ufernahe Zone“) 1897-2004 (Werte vor 1947 mit Daten vom Feuerschiff Gedser Rev reduziert, s Text). Mit eingetragen sind der lineare Trend (blaue Linie), das 21-jährig übergreifende Mittel (rote Linie) sowie die Standardabweichung s

Das bedeutet, dass die Erwärmung in den 1930er und 1940er Jahren, die auch im globalen Maßstab unübersehbar und in der Klimatologie unter der Bezeichnung „Erwärmung des Nordpolargebietes“ bekannt geworden ist (SCHERHAG 1939, HUPFER und TINZ 2006), im Sommer und Herbst so bedeutend war, dass sie die gegenwärtige Erwärmung nicht klar hervortreten lässt.

Die langzeitlichen Veränderungen der Zahl der Badetage zeigt, mit Ausnahme des Monats Juni, in dem die Zahl der Badetage einen starken negativen linearen Trend aufweist, einen Anstieg. Die Abb. 6.10 stellt den Verlauf der Abweichungen der Dauer der Badesaison (Anzahl der Tage mit einer Wassertemperatur über 15 °C) von Travemünde (Standardreihe „Ufernahe Zone"), beginnend mit dem Jahr 1897 dar. Bis 1930 überwiegen bei einer starken Streuung negative Anomalien von bis zu 50 Tagen. In den folgenden beiden Dezennien fehlen die negativen Abweichungen vollkommen, so dass sich die mittlere Badesaison um über 20 Tage verlängert. Bis 1990 sinkt die Dauer der Badesaison bis auf das Niveau am Anfang des Jahrhunderts ab. Die anschließende Verlängerung der Badesaison ist gering, die Werte der 1940er Jahre werden im Mittel nicht erreicht. Der resultierende Trend (6,1 d / 100 a) ist gering und nicht signifikant von Null verschieden.

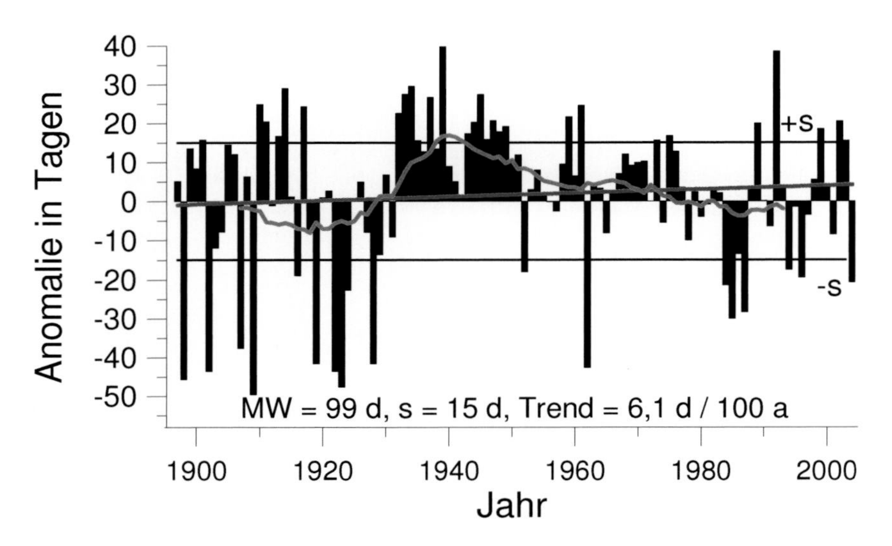

Abbildung 6.10: Anomalien der Dauer der Badesaison von Travemünde („Ufernahe Zone") 1897-2004 (Werte vor 1947 mit Daten vom FS Gedser Rev reduziert, s. Text). Mit eingetragen sind der lineare Trend (blaue Linie), das 21-jährig übergreifende Mittel (rote Linie) sowie die Standardabweichung s

Dieser überraschende Befund kann zumindest teilweise mit der Zunahme der Häufigkeit von Wetterlagen erklärt werden, die in der Sommersaison zum Auftrieb von kaltem Tiefenwasser führen (vgl. Abschnitt 3.3). Nach Angaben von BISSOLLI (2002) hat in Deutschland die Häufigkeit der Großwetterlagen „Südwest zyklonal" und „Hochdruckbrücke Mitteleuropa" am Ende des 20. Jahrhunderts signifikant zugenommen. Beide sind an der Station Travemünde mit Südwestwind verbunden, so dass Auftrieb von kälterem Tiefenwasser wahrscheinlich erscheint.

6.2.4 Bioklima

Änderungen des Strand-Bioklimas waren bisher nur vereinzelt Gegenstand von Langzeituntersuchungen (TINZ und HUPFER 1999). Das hängt sicherlich auch mit der Datenlage zusammen, da von den erforderlichen Parametern Temperatur, Feuchte, Windgeschwindigkeit, Wetter- und Wolkenbeobachtungen keine langen Reihen auf der Basis von Terminwerten vorliegen.
Für die bereits im Kapitel 4 vorgestellte Wetterwarte Warnemünde standen die vollständigen synoptischen Eingangsdaten für den Zeitraum 1967-2004 zur Verfügung. Die Trendwerte der Gefühlten Temperatur enthält die Tab. 6.4. Bei der Interpretation ist zu beachten, dass diese Zeitreihe eine Länge von nur 38 Jahren hat. Die Abhängigkeit des Trends vom gewählten Untersuchungsabschnitt zeigt RAPP (2000b) an Hand von Subserien der Temperaturreihe von

Deutschland. Je nach Wahl des Anfangs- und Endjahres können sich gerade bei kurzen Zeitreihen unterschiedliche Trendwerte, bis hin zu einer Trendumkehr einstellen.

Tabelle 6.4: Monatsmittel der Gefühlten Temperatur (T_G) und der Lufttemperatur (T_L) in °C zum Termin 12 Uhr mittlere Ortszeit (MOZ) von Warnemünde 1967-2003 mit Angabe des linearen Trends (Tr in K/100 a). Saison = Mai-September. Auf dem 95 %-Niveau signifikante Trendwerte sind **fett** hervorgehoben

Größe	Jan	Feb	Mar	Apr	Mai	Jun	Jul	Aug	Sep	Okt	Nov	Dez	Jahr	Frj	Som	He	Wi	Saison
MW T_G	-3,2	-1,2	3,2	8,0	13,5	16,7	19,6	20,2	15,1	9,5	2,9	-1,9	8,6	8,3	18,8	9,2	-2,1	17,0
Tr T_G	**11,0**	**8,6**	**6,8**	**10,6**	**6,7**	**4,7**	**7,2**	**7,1**	3,5	3,1	1,7	3,0	**6,2**	**8,0**	**6,4**	2,8	**7,0**	**5,9**
MW T_L	1,3	2,0	4,8	8,4	13,5	16,7	19,0	19,4	15,9	11,3	6,0	2,6	10,1	8,9	18,4	11,1	1,9	16,9
Tr T_L	**7,5**	6,8	4,2	**10,3**	**7,4**	**5,6**	**5,4**	**5,8**	3,4	1,5	-1,0	1,3	**4,9**	**7,3**	**5,6**	1,3	4,9	**5,5**

Die Gefühlte Temperatur weist im Jahresmittel einen statistisch signifikanten Trend von 6,2 K/100 a auf. Dieser enorme Wert kann dadurch erklärt werden, dass Anfang und Ende der Zeitreihe (zufällig) in zwei Phasen mit besonders niedrigen bzw. hohen Temperaturen fallen (vgl. Abschnitt 6.2.2 und Abb. 6.2). Bis 1987 überwiegen die negativen Anomalien deutlich, bevor danach fast nur noch positive Abweichungen vom Mittelwert auftreten (Abb. 6.11). Die Extrapolation auf 100 Jahre verstärkt diesen Effekt noch.
Auch in den einzelnen Jahreszeiten liegen durchweg positive Trendwerte vor, die bis auf die Herbstmonate und den Dezember als signifikant eingeschätzt werden können. Insgesamt erfolgt der Anstieg der Werte der Gefühlten Temperatur parallel zur Lufttemperatur. Die Trendwerte liegen etwas höher, was der korrespondierenden Abnahme der Windgeschwindigkeit (-1,4 kt/100 a) sowie der Zunahme des Taupunktes (0,8 K/100 a) zuzuschreiben ist.

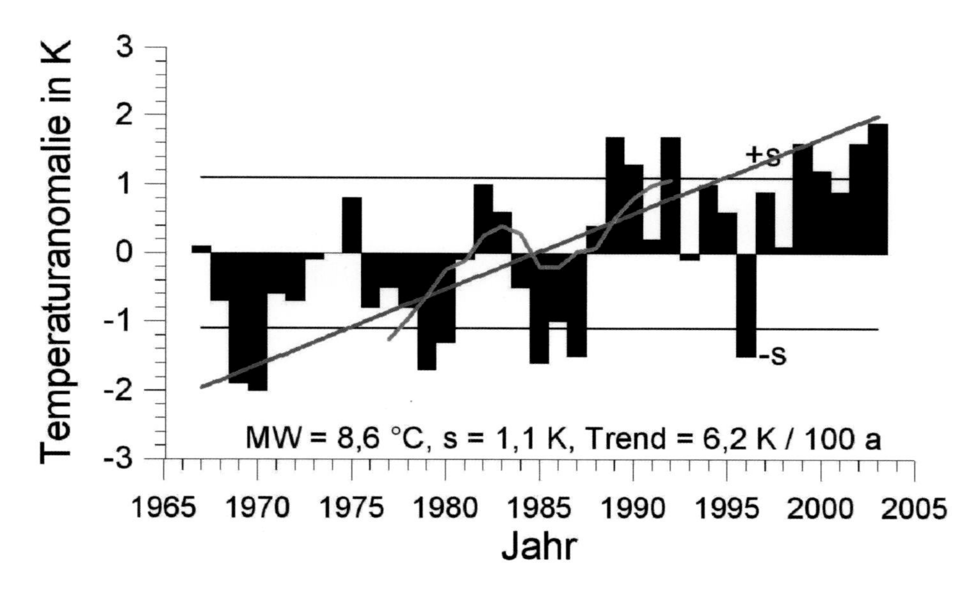

Abbildung 6.11: Anomalien der Jahresmittel der Gefühlten Temperatur in K von Warnemünde zum Termin 12 Uhr mittlerer Ortszeit 1967-2003. Mit eingetragen sind der lineare Trend (blaue Linie), das 21-jährig übergreifende Mittel (rote Linie) sowie die Standardabweichung s

Die grobe Klassifizierung der thermischen Bedingungen (Definition in Tab. 4.1) zeigt ein Überwiegen der Klasse thermischer Komfort (Tab. 6.5). Die beiden angrenzenden Klassen Kältestress und Wärmebelastung sind deutlich weniger stark besetzt. Während die Anzahl der Tage mit thermischem Komfort im Untersuchungszeitraum keine signifikante Änderung zeigt, nimmt die Häufigkeit von Kältereiz dramatisch ab (Abb. 6.12). Der Trendwert liegt sogar im Bereich des Mittelwertes, was gleichzeitig bedeutet, dass bei einer Fortschreibung dieses Trends in ca. 100 Jahren kein Kältereiz mehr auftreten würde. Korrespondierend tritt Wärmebelastung am Ende des Beobachtungszeitraumes deutlich häufiger auf. Sie ist ab dem Jahr 2000 genauso wahrscheinlich, wie Kältestress, während sie um 1970 nur halb so häufig zu verzeichnen war.

Tabelle 6.5: Mittelwert und linearer Trend der Anzahl der Tage pro Jahr mit Kältestress (KS), Komfort und Wärmebelastung (WB) zum Termin 12 Uhr mittlere Ortszeit von Warnemünde 1967-2003 (vgl. Tab. 4.4). Auf dem 95 %-Niveau signifikante Trendwerte sind **fett** hervorgehoben

Größe	KS	Komfort	WB
MW	73	246	46
Trend / 100 a	**-78**	+17	**61**

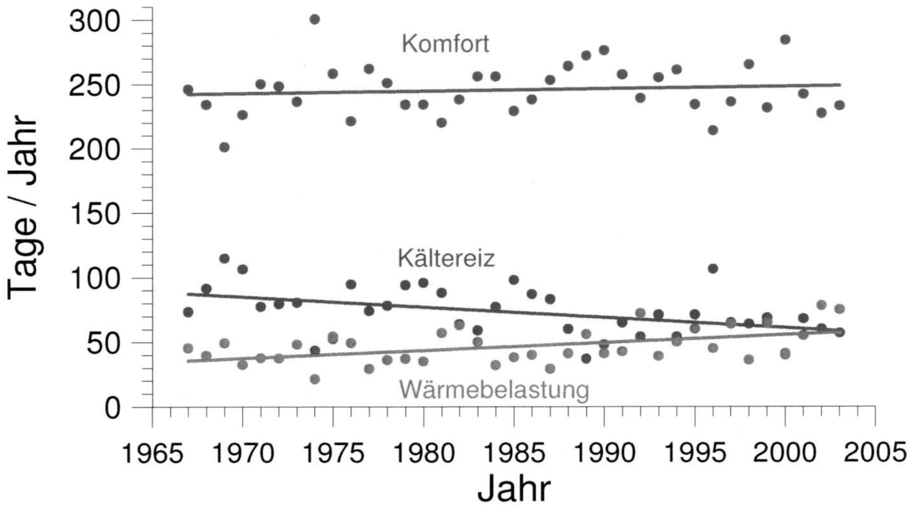

Abbildung 6.12: Anzahl der Tage pro Jahr mit Kältereiz (blau), Komfort (grün) und Wärmebelastung (rot) von Warnemünde zum Termin 12 Uhr mittlerer Ortszeit 1967-2003

6.2.5 Meereis

Wegen ihrer Bedeutung für Schifffahrt, Fischfang und Handel sind Berichte über besonders strenge Eiswinter in den Chroniken vieler Hafenstädte zu finden (HENNIG 1904, WEIKINN 1958-1963, KOSLOWSKI und GLASER 1995, TINZ 1997b). Von SPEERSCHNEIDER (1915) liegt eine zusammenhängende Darstellung der Eisverhältnisse in den dänischen Gewässern für den Zeitraum 690-1860 vor. Im Rigaer Hafen beginnen ähnliche, mit Lücken behaftete Beobachtungen im Jahr 1530 (BETIN und PREOBRAZENSKIJ 1959). Die Ergebnisse der Untersuchung der maximalen jährlichen Eisbedeckung der Ostsee ab 1720 (JURVA 1944), des Eisaufbruchs von Palmse (Estland, bei Tallinn) 1709-1980 (TARAND 1992) und die Rekonstruktion der Strenge der Eiswinter in der Westlichen Ostsee ab 1701 (KOSLOWSKI und GLASER 1995) legen den Schluss nahe, dass die Eisverhältnisse in der Ostsee im 18. und 19. Jahrhundert insgesamt ausgeprägter waren als im 20. Jahrhundert. Dieses Verhalten korrespondiert mit der Temperaturentwicklung in Europa, die durch den Übergang von der Kleinen Eiszeit (voll entfaltet von der Mitte des 16. Jahrhunderts bis etwa 1850) zum Modernen Optimum mit einem ersten Maximum der globalen Mitteltemperatur um 1940 gekennzeichnet ist. Eine Übersicht des Trendverhaltens verschiedener Eiszeitreihen in der Ostsee haben JEVREJEVA et al. (2002, 2004) zusammengestellt.
Die für die deutsche Ostseeküste zur Verfügung stehenden Zeitreihen der reduzierten Eissumme (1896/97-2004/05) und der flächenbezogenen Eisvolumensumme (1878/79-2004/05) er-

möglichen eine statistische Untersuchung der Eisverhältnisse ab dem Ende des 19. Jahrhunderts. Eine hervorstechende Eigenschaft beider Reihen ist die starke interannuelle Variabilität. Sie sind untereinander erwartungsgemäß hochkorreliert ($r_p = 0{,}93$, $r_S = 0{,}98$), wobei im Detail einige Unterschiede sichtbar werden. Während bei der flächenbezogenen Eisvolumensumme (Abb. 6.13) die vier Extremwinter 1939/40, 1940/41, 1941/42 sowie der von 1962/63 als singuläre Ereignisse herausragen, ist bei der reduzierten Eissumme der Unterschied zu den nachfolgenden Eiswintern nicht so groß (Abb. 6.14). Der letzte eisreiche Winter von 1995/96 ist demnach nahezu gleichberechtigt, was sich im Wesentlichen durch seine sehr lange Andauer erklärt. Gleichzeitig war die negative Temperaturabweichung relativ moderat, so dass sich nur an der Innenküste dickes Festeis bilden konnte, während die Gewässer an der Außenküste nur zeitweise von Treibeis bedeckt waren (vgl. Abb. 5.2).

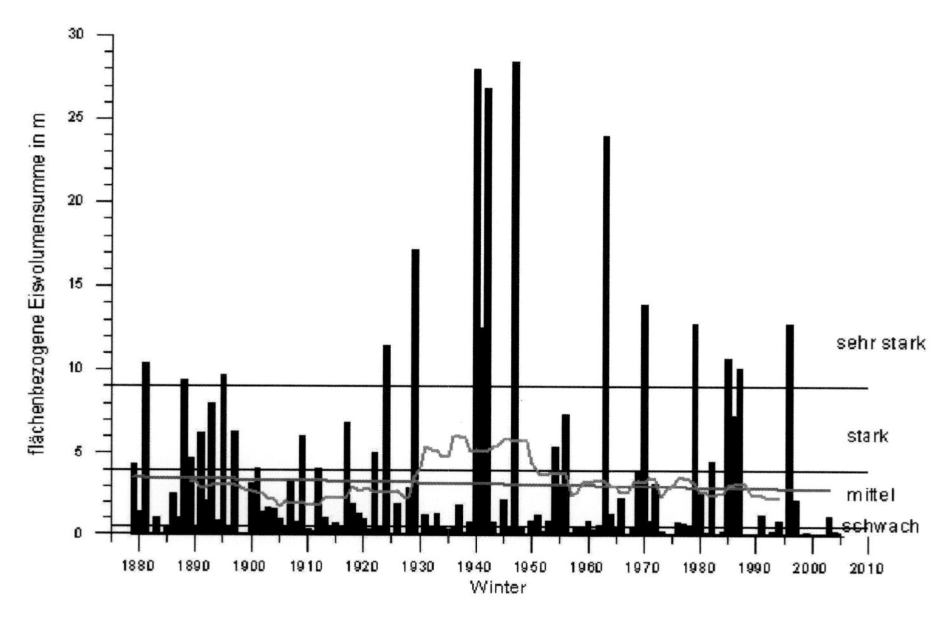

Abbildung 6.13: Flächenbezogene Eisvolumensumme der deutschen Ostseeküste in m von 1878/79 bis 2004/05 mit Klassifizierung der Eiswinter (s. Text). Mit eingetragen sind der lineare Trend (blaue Linie) und das 21-jährig übergreifende Mittel (rote Linie)

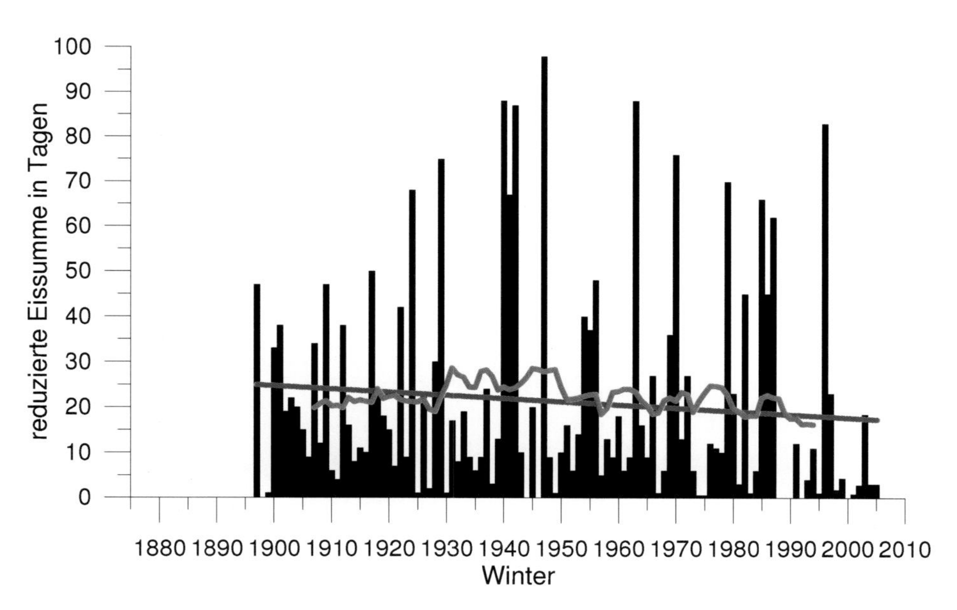

Abbildung 6.14: Reduzierte Eissumme der deutschen Ostseeküste in Tagen von 1896/97 bis 2004/05. Mit eingetragen sind der lineare Trend (blaue Linie) und das 21-jährig übergreifende Mittel (rote Linie)

Beide Zeitreihen weisen einen negativen Trend von –5,5 d / 100 a bzw. von –0,3 m / 100 a auf, der sich aber auf Grund der hohen interannuellen Variabilität nicht signifikant von Null unterscheidet. Das gilt ebenfalls, wenn man die Zeitreihen ohne die anomalen Eiswinter (VAS > 20 m) betrachtet.
Die in der Abb. 6.13 mit eingetragene Klassifizierung der Eiswinter beruht auf Angaben von KOSLOWSKI und GLASER (1995), wobei hier die Anzahl der Klassen der besseren Übersichtlichkeit halber von sieben auf vier reduziert wurde:

- schwach: VAS < 0,5 m,
- mäßig: 0,5 m ≤ VAS < 4,0 m,
- stark: 4,0 m ≤ VAS < 9,0 m und
- sehr stark: VAS ≥ 9,0 m.

Im Beobachtungszeitraum können 50 Winter (39 %) als schwach, 47 (37 %) als mäßig und jeweils 15 (12,0 %) als stark bzw. sehr stark eingeordnet werden.
Die gleitende Untersuchung der Besetzung der Eiswinterklassen in einem größeren Zeitraum deckt einige Veränderungen der Eisverhältnisse im Beobachtungszeitraum auf. Dazu wurde in Anlehnung an KOSLOWSKI und LOEWE (1994) die Anzahl der Eiswinter pro Eisklasse jeweils in einem Intervall von 41 Jahren bestimmt, das dann schrittweise um ein Jahr verschoben wurde (Abb. 6.15).

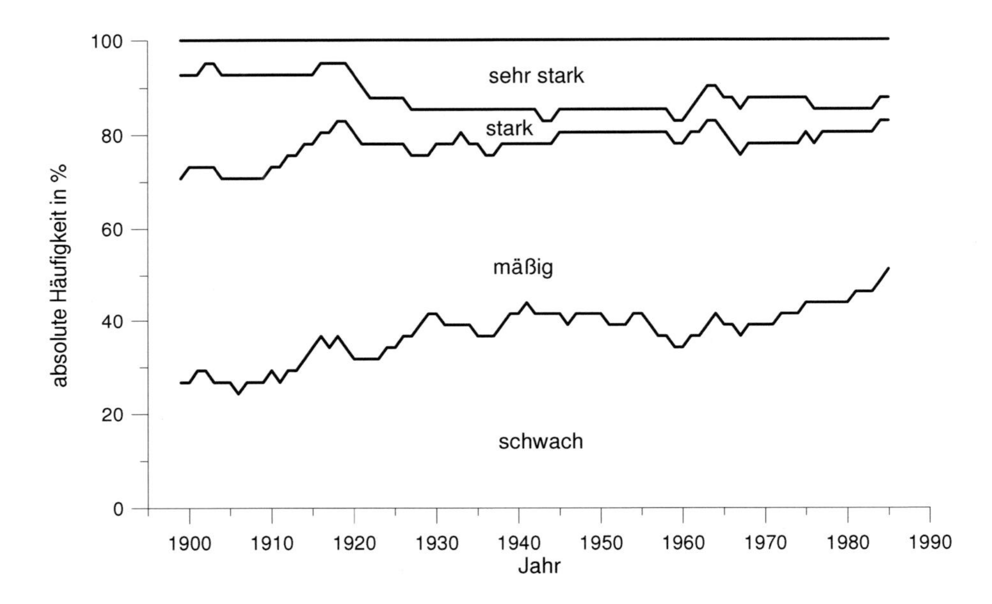

Abbildung 6.15: Aufsummierte relative Häufigkeit der Besetzung der Eiswinterklassen schwach, mäßig, stark und sehr stark der flächenbezogenen Eisvolumensumme der deutschen Ostseeküste (1878/79-2004/05) in Intervallen mit einer Länge von 41 Jahren, die jeweils um ein Jahr verschoben wurden. Die Jahreszahl auf der Abszisse kennzeichnet die Mitte des jeweiligen Intervalls

Deutlich sichtbar ist der Anstieg des Anteils der schwachen Eiswinter, deren Anteil sich von knapp 30 % auf 50 % erhöht hat. In diesen positiven Gesamttrend ist eine von 1930 bis 1970 andauernde Stagnationsphase eingebettet. Gleichzeitig kam es zu einem weniger häufigen Auftreten von mäßigen Wintern, deren Anteil sich von über 40 % auf 30 % verringerte. Der Anteil der starken und sehr starken Eiswinter hat sich nur wenig verringert, allerdings ist eine Verlagerung zu den sehr starken Eiswintern hin ersichtlich. Dieses Langzeitverhalten korrespondiert mit der Klimaentwicklung in Mitteleuropa und Zirkulationsschwankungen im nordatlantisch-europäischen Gebiet (s. z.B. HUPFER 1996, RAPP 2000a, SCHÖNWIESE 2002/2003).

6.3 Zum Zusammenhang von Lufttemperatur und atmosphärischer Zirkulation

In Vorbereitung auf das im Abschnitt 6.4 verwendete Downscaling-Verfahren soll nachfolgend der Zusammenhang zwischen atmosphärischer Zirkulation und Lufttemperatur in Mitteleuropa erläutert werden.
Die Monatsmittel der Lufttemperatur der Wetterwarte Potsdam (Säkularstation: 52°23´ N, 13°04´ E, zur Klimareihe s. LEHMANN 2002) sind seit 1893 verfügbar. Die lückenlos vorliegenden Werte können als homogen eingeschätzt werden, da sich sowohl die Messmethoden und –zeiten, der Standort als auch die umgebende Bebauung nicht geändert haben.
Die hier angewendete Methode der Feldkorrelation ist ausführlich in TINZ (2000) beschrieben. Dabei werden monatsweise die Korrelationskoeffizienten zwischen der lokalen Zeitreihe (hier Monatsmittel der Lufttemperatur von Potsdam) und den an Gitterpunkten vorliegenden Werten des Luftdrucks und der Lufttemperatur berechnet und statistisch auf Signifikanz geprüft. Mittels einer graphischen Darstellung erhält man Informationen über die Gebiete und bei weiterer Einbeziehung der Vormonate den Zeitraum eines statistisch signifikanten Zusammenhanges zwischen der lokalen Größe und den Feldvariablen. Mit diesen Informationen kann dann im nächsten Schritt eine optimale (möglichst hohe Varianzerklärung) Regressionsgleichung erstellt werden, mit der man aus den großflächig vorliegenden Feldinformationen auf die lokale Größe schließen kann (Abschnitt 6.4).
Im Korrelationsfeld zwischen den Monatsmitteln der Lufttemperatur von Potsdam und dem Luftdruckfeld im nordatlantisch-europäischen Gebiet wird in den Wintermonaten zwischen Oktober und März eine räumliche Struktur mit signifikanter Korrelation im Norden und Süden abgebildet. In der Abb. 6.16 ist als Beispiel der Verlauf der Linien gleicher Korrelationskoeffizienten für den Monat Januar wiedergegeben. Der statistische Zusammenhang ist sehr hoch, die maximalen Korrelationskoeffizienten liegen mit $r_P = 0{,}65$ um die Straße von Gibraltar und $r_P = -0{,}82$ in der südlichen Norwegischen See.
Diese Struktur stellt die Nordatlantische Oszillation (NAO) dar. Sie ist als einfaches Maß zur Abschätzung der Stärke der Zonalzirkulation im atlantisch-europäischen Sektor schon seit langem bekannt (WALKER 1924, LAMB und PEPPLER 1987) und wird seit einigen Jahrzehnten wieder häufig wegen ihres Telekonnektions-Potenzials verwendet (WALLACE und GUTZLER 1981). Im atlantisch-europäischen Raum ist die beträchtliche Klimavariabilität auf der jahreszeitlichen, zwischenjährlichen und dekadischen Skala eng mit der NAO verbunden (HURREL 1995). Die Existenz einer „Luftdruckschaukel“ im Nordatlantischen Ozean, die mit den stehenden und fortschreitenden langen Wellen des Zirkumpolarwirbels zusammenhängt, ist gut bekannt. Im Fall der Vertiefung der Island-Zyklone und der Verstärkung des Azoren-Hochs werden in weiten Teilen Europas milde Winter als Folge der Verstärkung der Zonalzirkulation beobachtet („high index“-Situation, im Winter z.B. 1900-1930 sowie ab 1985, vgl. Abb. 6.21). Den umgekehrten Verhältnissen entsprechen die „low index“-Situationen, die in den 1960er Jahren im Winter gehäuft auftraten. Im Sommer ist die Kopplung zwischen der NAO und den mitteleuropäischen Temperaturverhältnissen nur schwach ausgeprägt (TINZ 2003).
Im Sommerhalbjahr dagegen zeigt die räumliche Verteilung der Korrelationskoeffizienten eine Anordnung, die mit der NAO keine Ähnlichkeit besitzt (Beispiel Juli in Abb. 6.17). Hier tritt ein Gebiet mit positiver Korrelation mit Zentrum über der Ostsee hervor ($r_P = 0{,}65$). Synoptisch kann man argumentieren, dass durch hohen Luftdruck über Südskandinavien der allgemeinen Westwinddrift eine östliche Strömungskomponente überlagert ist, die die (kühle) Westwinddrift abschwächt, oder bei Bildung eines Skandinavienhochs für die Advektion von trockner Luft aus Nordosteuropa führt, die sich im Sommer kräftig erwärmen kann. Im umgekehrten Fall sorgt eine nordwestliche Strömung für niedrige Temperaturen.

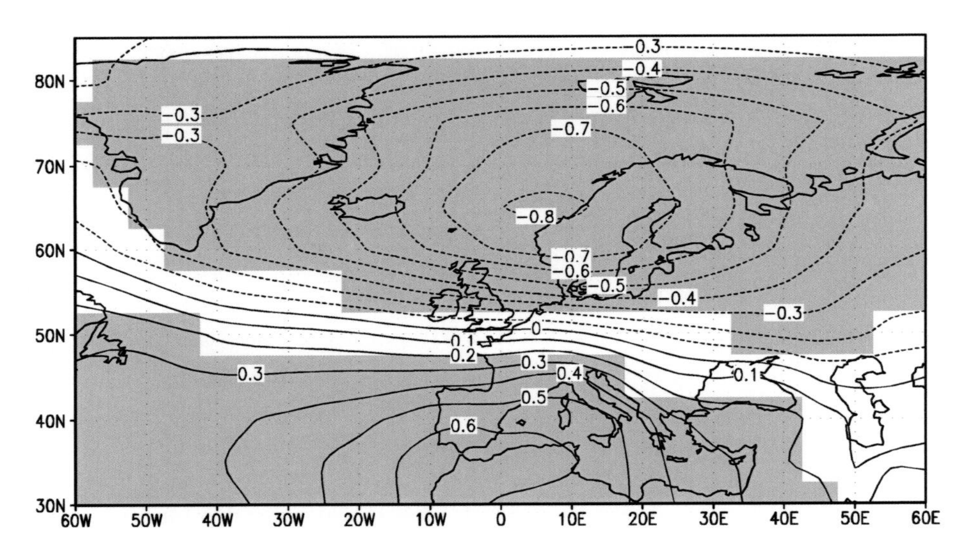

Abbildung 6.16: Korrelationsfeld der bodennahen Lufttemperatur von Potsdam und des Luftdruckfeldes im Januar 1899 - 2000. Gelb: Signifikanzniveau > 95 %

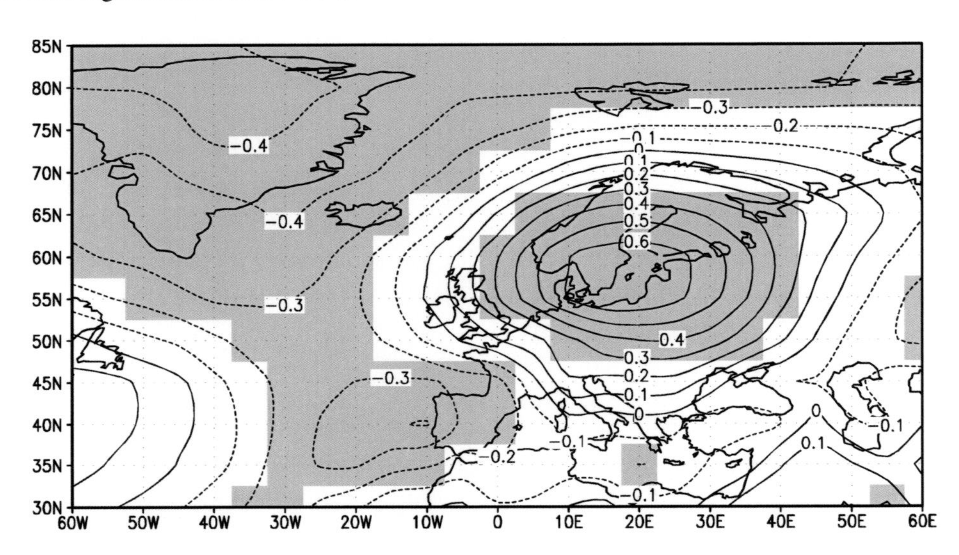

Abbildung 6.17: Korrelationsfeld der bodennahen Lufttemperatur von Potsdam und des Luftdruckfeldes im Juli 1899 - 2000. Gelb: Signifikanzniveau > 95 %

Das NAO-Fernwirkungspotenzial zeigt sich in den Korrelationen zwischen dieser Größe und regionalen Variationen der Lufttemperatur und des Niederschlages. Während der 1980er und der ersten Hälfte der 1990er Jahre waren die lange anhaltenden winterlichen Trockenperioden in Südeuropa und im Mittelmeergebiet mit den vorherrschenden positiven NAO-Anomalien verbunden (s. Übersicht in HOUGHTON et al. 1996).

Es ist interessant, die Gebiete zu identifizieren, auf die die NAO einen maximalen Einfluss ausübt. Zunächst muss angemerkt werden, dass es keine Standarddefinition der NAO gibt (TINZ 2003). Im einfachsten Fall handelt es sich um die Luftdruckdifferenz (oder die Geopotenzialdifferenz auf einer ausgewählten Druckfläche) zwischen den Aktionszentren Azorenhoch und Islandtief. Die Differenzen spiegeln den mittleren geostrophischen Wind an der Meeresoberfläche (oder in einer gewählten Höhe) wider. Häufig wird der NAO-Index verwendet, der sich unter Bezug auf eine zu wählende Referenzperiode aus dem Quotienten (Wert - Mittelwert) / Standardabweichung berechnet. Vielfach werden auch erst die Luftdruckwerte der beiden Stationen auf die eben genannte Art und Weise normiert und dann die Differenz als NAO-Index definiert.

Hier werden die Gitterpunktwerte des Luftdruckdatensatzes vom Nation Center of Atmospheric Research (NCAR) herangezogen. Für die Azoren wurden die Luftdruck-Werte von 40° N, 25° W und für Gibraltar die von 35° N, 5° W und für Island die von 65° N, 20° W verwendet. Die NAO-Daten ergeben sich dann aus der Differenz dieser Werte. Diese beiden Reihen wurden zusammengestellt, da die Werte mit entsprechenden Daten von Klimamodellexperimenten verglichen werden können, was in weiterführenden Untersuchungen vorgesehen ist.
Die Situation im Januar (als Beispiel in Abb. 6.18 dargestellt) ist durch ein ausgedehntes Gebiet mit positiven Korrelationskoeffizienten in Mittel- und Nordeuropa sowie durch Gebiete mit negativen Koeffizienten im Bereich des Nordwest-Atlantiks und von Nordafrika gekennzeichnet. Ein positiver NAO-Winterindex ist mit erhöhten Temperaturen in den größten Teilen Europas verbunden, wobei die maximale Korrelation mit r_P = 0,62 über der Nordsee auftritt. Gleichzeitig wird polare Kaltluft aus Nordostkanada nach Südosten geführt, so dass über der Labradorsee Korrelationskoeffizienten bis zu r_P = -0,64 berechnet werden.

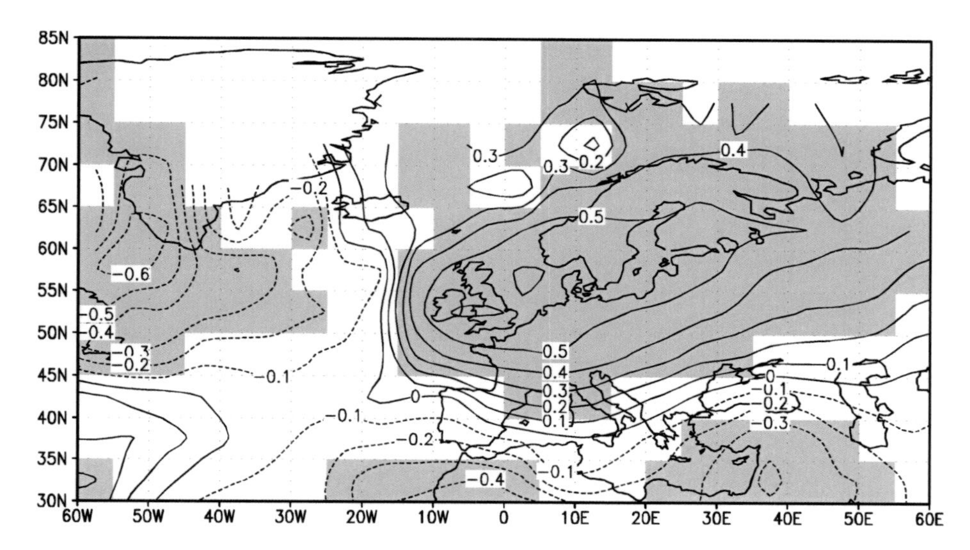

Abbildung 6.18: Korrelationsfeld der NAO und des bodennahen Lufttemperaturfeldes für 1899 - 2000 im Januar. Gelb: Signifikanzniveau > 95 %. Bei weniger als 30 Werten sind keine Isokorrelaten dargestellt

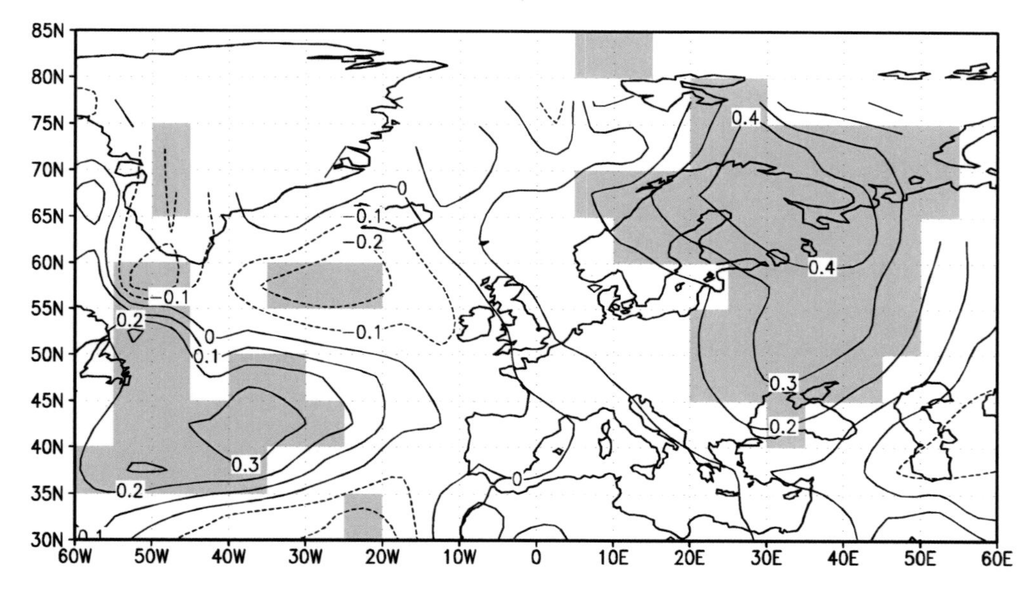

Abbildung 6.19: Korrelationsfeld der NAO und des bodennahen Lufttemperaturfeldes für 1899 - 2000 im Juli. Gelb: Signifikanzniveau > 95 %. Bei weniger als 30 Werten sind keine Isokorrelaten dargestellt

Diese Struktur erreicht ihre maximale Ausprägung im Februar und ist auch noch im März gut entwickelt. Ab April wird die statistische Kopplung schwächer, wobei jedoch die wesentlichen Züge der Verteilung der Korrelationskoeffizienten erhalten bleiben. Das Gebiet der signifikanten positiven Korrelation verschiebt sich im Sommer in Richtung Skandinavien und Osteuropa, während es in Mitteleuropa verschwindet (als Beispiel Juli in Abb. 6.19). Das zeigt, dass die NAO im Sommerhalbjahr einen nur schwachen Einfluss auf die Temperaturverhältnisse in Mitteleuropa hat. Im September und November vollzieht sich die Umstellung auf die winterlichen Verhältnisse.
Die Ergebnisse der Korrelationsstudien zwischen der bodennahen Lufttemperatur in Potsdam mit dem Luftdruckfeld einerseits und zwischen der NAO und dem bodennahen Lufttemperaturfeld andererseits bestätigen eindrucksvoll den Einfluss der NAO auf das Lufttemperaturfeld im Winterhalbjahr. Im Sommer ist die Kopplung erheblich schwächer ausgeprägt und mehr regional entwickelt.
Somit kann festgestellt werden, dass die NAO ein einfaches, aber effektives Maß der Zonalzirkulation im atlantisch-europäischen Raum ist. Mit ihrer Hilfe kann der Einfluss der Advektion auf die klimatischen Bedingungen in Europa abgeschätzt werden. Der Einfluss der NAO ist die wesentliche Ursache für die starke Variabilität des mittel- und nordeuropäischen Klimas, speziell im Winter. Diese Aussage gilt gleichfalls für die Bewertung der Klimaschwankungen in diesem Gebiet. Diese können zum Teil als Folge lokal veränderter Wärmehaushaltsverhältnisse, aber zum größeren Teil als Wirkung der gleichfalls schwankenden Advektion interpretiert werden. Neben der zeitlichen Veränderung der Stärke und Richtung der Advektion fremdbürtiger Luftmassen, die durch die korrespondierenden Schwankungen der NAO näherungsweise erfasst werden können, spielen auch Variationen der thermischen und anderen Eigenschaften der Luftmassen eine Rolle.
Die NAO kann mit hoher Zuverlässigkeit aus Gitterpunktdaten des Luftdrucks in Meeresniveau (bspw. NCAR-Datensatz) abgeleitet werden. Damit ergibt sich die Anwendung auf die Ergebnisse von Klimamodellen, um den Anteil der Zirkulation an Temperaturänderungen in Mitteleuropa abschätzen zu können.
Die Untersuchung langer Zeitreihen thermischer Größen für das Ostseeküstengebiet ergab, dass die untersuchten Größen eine starke Veränderlichkeit mit der Zeit und ausgeprägte Trends aufweisen. Die beobachteten Klimavariationen sind primär auf äußere Einflüsse auf das Klimasystem wie Veränderungen der Solarstrahlung, Anzahl und Intensität starker Vulkanausbrüche sowie die anthropogene Erzeugung eines zusätzlichen Treibhauseffektes der Atmosphäre zurückzuführen. Aber auch Autooszillationen innerhalb des Klimasystems spielen eine wichtige Rolle (HUPFER und KUTTLER 2005). Als sekundäre Ursache kommen Schwankungen der allgemeinen Zirkulation der Atmosphäre in Betracht, was vielfach durch enge Korrelationen zwischen den Veränderungen der meteorologischen Parameter und Zirkulationsmaße nachgewiesen werden konnte.
Die gegenwärtige Phase der Klimaentwicklung wird dadurch bestimmt, dass der Einfluss des Menschen auf das Klimasystem dominant geworden ist. Es ist daher von großem Interesse abzuschätzen, wie sich das Klima im Verlauf des 21. Jahrhunderts verändern wird.

6.4 Zur Klimaentwicklung im 21. Jahrhundert

6.4.1 Einführung

Eine prognostische Abschätzung der Änderung der untersuchten thermischen Größen im 21. Jahrhundert wird hier mit Hilfe eines speziellen Downscaling-Verfahrens vorgenommen (TINZ und HUPFER 1999, TINZ 2000). Die Methode besteht in der statistischen Koppelung der analy-

sierten lokalen Reihen an die Monatsmittel der Lufttemperatur des Gitterelements, das das Gebiet 50-60° N, 5-15° E repräsentiert.
Für die Untersuchungen standen Monatsmittel der Lufttemperatur dreier Experimente mit dem gekoppelten Klimamodell ECHAM4/OPYC in der Auflösung T42 zur Verfügung (ROECKNER et al. 1996, Daten Deutsches Klimarechenzentrum Hamburg). Im 240 Modelljahre umfassenden Kontrolllauf (CTL) bleibt die Konzentration der Treibhausgase auf dem Niveau von 1990 konstant. In einem zweiten Experiment, das nachfolgend mit GHG bezeichnet wird, steigt die Konzentration der Treibhausgase von 1860 bis 1990 gemäß den Beobachtungen und danach bis 2100 entsprechend dem IPCC-Emissionsszenario IS92a an (HOUGHTON et al. 1996). Im dritten Experiment SUL werden neben den Treibhausgasen zusätzlich die Emissionen von abkühlend wirkenden Sulfat-Aerosolen bis 1990 nach Beobachtungen und danach gemäß dem Szenario IS92a und deren direkte Wirkungen (Reflexion der Sonnenstrahlung) berücksichtigt (ROECKNER et al. 1998). Die Werte dieses Experiments liegen für die Modelljahre 1860 bis 2049 vor. Die Zuordnung der Jahreszahlen des Experimentes CTL ist willkürlich; hier entsprechen den Modelljahren 1 und 240 die Jahre 1860 und 2099.
Die nachfolgend präsentierten Ergebnisse können nur als bedingte Vorhersage interpretiert werden, da sie entscheidend davon abhängen, ob das gewählte Szenario tatsächlich auch eintritt. Mittlerweile gibt es eine ganze Reihe unterschiedlicher Emissionsszenarien (NAKICENOVIC und SWART 2000). Hinzu kommen die nach wie vor bestehenden Unsicherheiten bei der Klimamodellierung (z.B. Parametrisierung subskaliger Größen) sowie die Tatsache, dass externe Effekte wie Änderungen der Sonnenstrahlung oder Vulkanausbrüche nicht berücksichtigt werden können. Zudem muss die Möglichkeit einer Abschwächung des Nordatlantikstroms durch verstärkten Süßwassereintrag in die nordpolaren Gewässer in Betracht bezogen werden (RAHMSDORF 1999). Die hätte eine zumindest vorübergehend anhaltende Abkühlung in großen Teilen Europas zur Folge. Es geht hier eher darum zu zeigen, welche konkreten Auswirkungen ein Klimawandel nach sich ziehen kann.

6.4.2 Regressionsverfahren

Bei der Untersuchung des Zusammenhanges zwischen den winterlichen Eisverhältnissen an der deutschen Ostseeküste an Hand der flächenbezogenen Eisvolumensumme und dem großräumigen bodennahen Luftdruck- sowie Lufttemperaturfeld hat sich die Methode der Feldkorrelation als geeignet erwiesen (TINZ 2000). Das Verfahren wurde hier ebenfalls angewendet. Dabei wird die interessierende Reihe jeweils mit Gitterpunktdatensätzen des Luftdrucks zunächst des gleichen Monats korreliert. Die sich ergebenden Korrelationskoeffizienten werden mit dem t-Test auf Signifikanz überprüft. Auf diese Weise können Gebiete mit einer signifikanten Korrelation zwischen dem Feld und der lokalen bzw. regionalen Größe erkannt werden. Eine Korrelation mit den Feldern von Temperatur und Luftdruck der Vormonate gibt Auskunft über eine mögliche thermische bzw. dynamische Vorbereitung. Damit kann eine multiple Regressionsgleichung aufgestellt werden, deren Ziel eine möglichst hohe Varianzerklärung ist. Im nächsten Schritt kann die gewonnen Regressionsgleichung auf die Ergebnisse von Klimamodellexperimenten angewendet werden. Als Ergebnis erhält man Zeitreihen der interessierenden lokalen Größe. Das Regressionsverfahren wird an Hand der Reihe der flächenbezogenen Eisvolumensumme vorgestellt. Die anderen Größen Wassertemperatur, Dauer der Badesaison und die bioklimatischen Verhältnisse wurden analog abgeleitet.
Zwischen der flächenbezogenen Eisvolumensumme und dem Luftdruck zeigen sich im nordatlantisch-europäischen Ausschnitt von Dezember bis März signifikante Korrelationskoeffizienten. Im Dezember baut sich ein NAO-artiges Muster mit signifikanter positiver Korrelation mit dem Zentrum über der Barentssee und negativer Korrelation im Mittelmeergebiet auf. Im Janu-

ar verstärkt sich die Korrelation erheblich. Signifikante Koeffizienten mit Werten bis zu r_S = -0,64 um die Straße von Gibraltar bzw. r_S = 0,69 im Gebiet der Norwegischen See nehmen fast den gesamten Ausschnitt ein. Im Februar liegt ein ähnliches Bild vor, wobei sich die Gebiete mit maximaler Korrelation weiter nach Westen verschieben. Der März ist bereits von einer deutlich abgeschwächten Korrelation gekennzeichnet. Für den mittleren Luftdruck der Monate Januar/Februar ergibt sich eine weitere leichte Steigerung der Korrelation. In diesem Zeitraum treten die größten Korrelationskoeffizienten mit r_S = -0,67 bei Gibraltar (35° N, 5° W) und r_S = 0,77 über der Norwegischen See (70° N, 10° E) auf (Abb. 6.20).

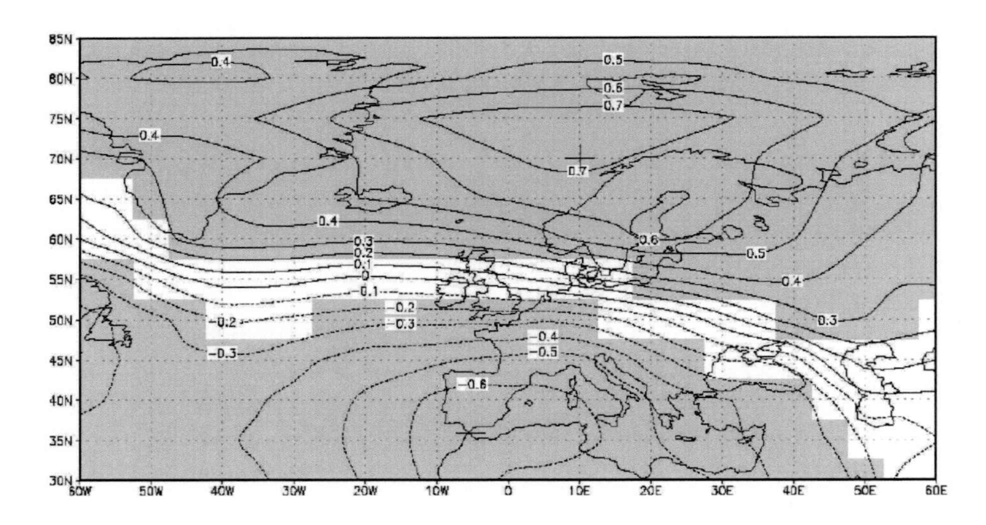

Abbildung 6.20: Korrelation zwischen der flächenbezogenen Eisvolumensumme der deutschen Ostseeküste und dem mittleren Luftdruck Januar/Februar im nordatlantisch-europäischen Gebiet 1899-2003. Gelb: auf dem 95 %-Niveau signifikante Korrelationskoeffizienten.

Der physikalische Zusammenhang zwischen den Luftdruckanomalien über dem Nordatlantik und dem Charakter des Eiswinters an der deutschen Ostseeküste wird über den Luftdruckgradienten über dem Nordatlantik hergestellt. Ein gegenüber dem Mittelwert erhöhter meridionaler Luftdruckgradient führt zu einer intensivierten Westwinddrift, mit der im Winter bekanntlich milde Luftmassen nach Mitteleuropa geführt werden.

Als Abschätzung für die Stärke der Zonalzirkulation können Zonalindizes verwendet werden. KOSLOWSKI und LOEWE (1994) haben zwischen der flächenbezogenen Eisvolumensumme von Schleswig-Holstein und dem NAO-Winterindex nach ROGERS (1984) einen Korrelationskoeffizienten von r_S = -0,49 ermittelt. Der NAO-Winterindex ist hier die mit der Standardabweichung normierte mittlere Luftdruckdifferenz von Ponta Delgada (37°45' N, 25°43' W) und Akureyri (65°41' N, 18°05' W). Für einen ähnlichen, aus dem Gitterpunktdatensatz des Luftdrucks abgeleiteten Zonalindex, der als Luftdruckdifferenz Januar und Februar zwischen den Gitterpunkten 40° N, 25° W und 65° N, 20° E definiert ist (NAO-Grid), zeigt sich mit eine ähnlichgute Anpassung (r_S = -0,51). Deutlich höher ist die Korrelation mit dem Zonalindex, der als mittlere Luftdruckdifferenz Januar/Februar zwischen den eben genannten Gitterpunkten berechnet wird, die die höchste Korrelation zur flächenbezogenen Eisvolumensumme aufweisen (NAO-E, r_S = -0,73). Ähnlich gut ist die Korrelation mit dem europäischen Zonalindex, der nach EMMRICH (1991) als Luftdruckdifferenz 45° N und 60° N zwischen 10° E und 20° E gebildet wird (ZI-EU). Hier ergibt sich für Januar/Februar ein Korrelationskoeffizient von r_S = -0,70.

Die eben genannten Zeitreihen der Zonalzirkulation weisen ein ähnliches Langzeitverhalten auf (Abb. 6.21). Beginnend mit hohen Werten am Anfang des 20. Jahrhunderts zeigt sich eine unter Schwankungen erfolgende Abnahme der Luftdruckdifferenzen bis in die 1960er Jahre. Danach setzt ein zunächst langsamer ab den 1980er Jahren beschleunigter positiver Trend ein, der mit der Abnahme des Eisvorkommens an der deutschen Ostseeküste korrespondiert. Das bedeutet, dass der starke Temperaturanstieg in den letzten Dezennien zu einem erheblichen Teil der verstärkten Zonalzirkulation im Winter zuzuschreiben ist.

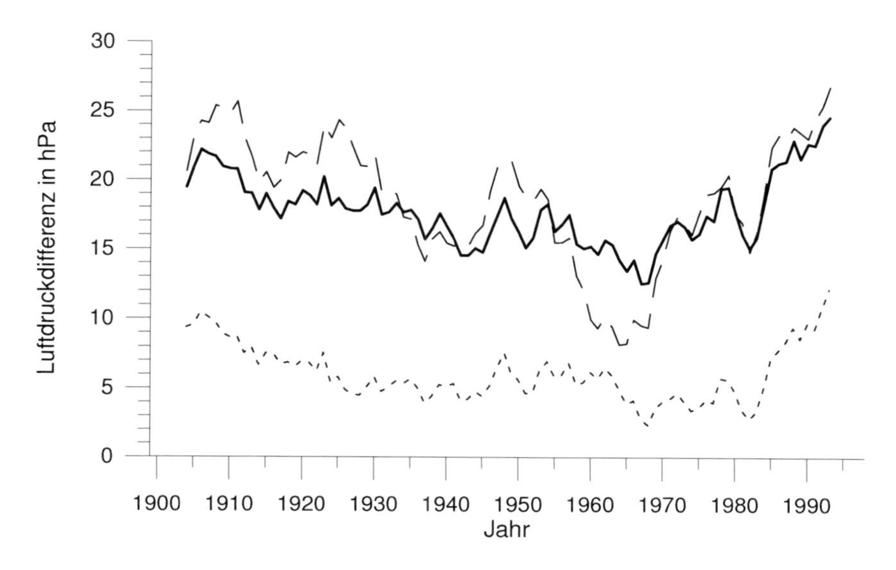

Abbildung 6.21: Elfjährig übergreifend gemittelte mittlere Luftdruckdifferenzen Januar/Februar im Zeitraum 1899-2004. Durchgezogen: NAO-E ($SLP_{35° N, 5° W}$ - $SLP_{70° N, 10° E}$); gestrichelt: NAO-GRID ($SLP_{40° N, 25° W}$ - $SLP_{65° N, 20° W}$); punktiert: ZI-EU ($SLP_{45° N, 10...20° E}$ - $SLP_{60° N, 10...20° E}$)

Mit dem Lufttemperaturfeld kommt es im nordatlantisch-europäischen Gebiet von Dezember bis April zu größeren Gebieten mit signifikanter Korrelation. Im Dezember ist der statistische Zusammenhang mit maximalen Werten von bis zu r_S = -0,42 im Gebiet der Westlichen Ostsee noch relativ schwach ausgeprägt. In den Monaten Januar und Februar steigt die Korrelation auf Maximalwerte von r_S = -0,82 an. In den nachfolgenden Frühlingsmonaten März und April ist der statistische Zusammenhang bereits deutlich abgeschwächt (r_S = -0,64 bzw. r_S = -0,43).
Eine noch bessere Korrelation ergibt sich mit der Mitteltemperatur der Monate Januar und Februar (r_S = -0,88). Das Zentrum der Korrelation reicht vom Ostteil der Nordsee bis in die Südöstliche Ostsee (Abb. 6.22).

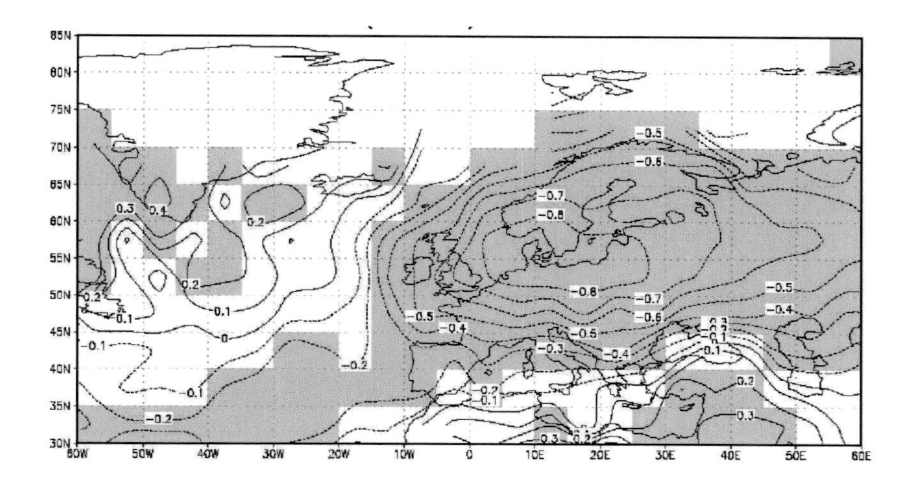

Abbildung 6.22: Korrelation zwischen der VAS und den Monatsmitteltemperaturen Januar/Februar im nordatlantisch-europäischen Gebiet 1879-2004. Gelb: auf dem 95 %-Niveau signifikante Korrelationskoeffizienten. Bei weniger als 30 Wertepaaren wurde keine Korrelation berechnet

Wegen der hohen Korrelation zwischen der flächenbezogenen Eisvolumensumme der deutschen Ostseeküste und der Lufttemperatur im Gebiet um die Westliche Ostsee ist es möglich, die Eisvolumensumme zuverlässig aus dem Lufttemperaturfeld abzuschätzen. Für die vier unmittelbar um die deutsche Ostseeküste liegenden Gitterpunkte, die das Gebiet 50-60° N, 5-15° E repräsentieren, konnte die beste Anpassung erreicht werden. Der Rangkorrelationskoeffizient nach SPEARMAN zwischen der VAS und der Mitteltemperatur Januar/Februar dieses Gebietes beträgt $r_S = -0{,}93$ ($r_P = -0{,}82$). Der enge Zusammenhang zwischen VAS und der Mitteltemperatur Januar/Februar des Gebietes 50-60° N, 5-15° E wird in der Abb. 6.23 deutlich.

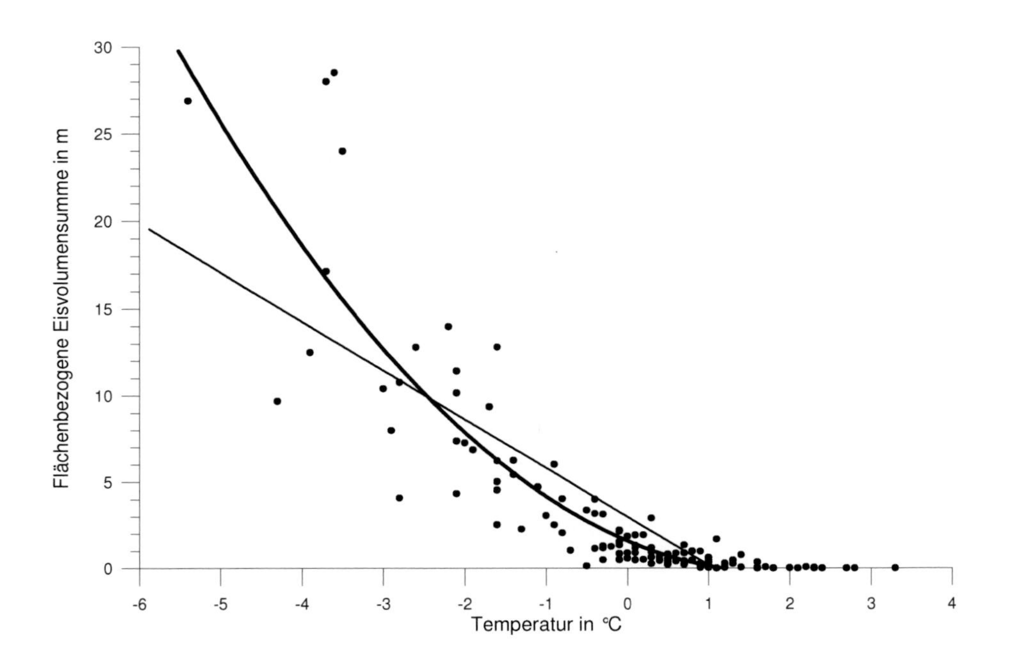

Abbildung 6.23: Flächenbezogene Eisvolumensumme der deutschen Ostseeküste in Abhängigkeit von der Mitteltemperatur Januar/Februar des Gebietes 50-60° N, 5-15° E (1878/79-2002/03) mit linearer (dünn) und quadratischer Ausgleichskurve (fett)

Während mit dem linearen Modell 66,7 % der Varianz erklärt werden können, liefert ein quadratisches Regressionsmodell insbesondere für große Werte der VAS eine bessere Anpassung, so dass 79,8 % der Varianz erklärt werden können. Die Ursache für diesen nichtlinearen Zusammenhang liegt insbesondere darin, dass nach erfolgter Abkühlung des Wassers auf die Gefriertemperatur und erfolgter Eisbildung positive Rückkopplungsprozesse (Eis-Albedo-Rückkopplung, Unterbindung der Konvektion im Wasser, starke Verminderung der Wärmeströme Ozean/Atmosphäre u.a.) einsetzen, die ein rasches Eiswachstum ermöglichen. Des Weiteren erfordert das Schmelzen des Eises relativ viel Energie. Die Regressionsgleichung hat die Form:

$$VAS = a\,T_{JF}^2 + b\,T_{JF} + c$$

mit T_{JF} = Mitteltemperatur Januar/Februar in °C des Gebietes 50-60° N, 5-15° E, a = Regressionskoeffizient mit a = 0,56 m/°C², b = Regressionskoeffizient mit b = -2,02 m/°C und c = Regressionskonstante mit c = 1,6 m. Auf Grund des Nulldurchganges der Parabel (Nullstelle) wird die flächenbezogene Eisvolumensumme bei Lufttemperaturen von $T_{JF} > 1{,}32$ °C auf Null gesetzt.

Eine einfache Sensitivitätsanalyse dient dazu, die Empfindlichkeit der VAS gegenüber mögli-

chen Temperaturänderungen zu studieren. Bemerkenswert ist, dass bei einer angenommenen Abkühlung um ΔT_{JF} = -1 K mit einer Verdopplung des Mittelwertes der flächenbezogenen Eisvolumensumme zu rechnen ist. Bei einer hypothetischen Erwärmung um ΔT_{JF} = 1,2 K wären bereits 50 % der Winter ohne Meereis (Median = 0,0 m). Eisfreie Verhältnisse in allen Wintern sind allerdings erst bei einem Anstieg der Temperaturen um etwa ΔT_{JF} = 8 K zu erwarten.
Für die Wassertemperatur „Ufernahe Zone" wurden die Regressionsrechnungen ebenfalls mit den Monatsmitteltemperaturen der 4 Gitterpunkte 50-60° N und 5-15° E als Prädiktoren durchgeführt. Auf Grund der Persistenz der Wassertemperatur erfolgt die Berücksichtigung der Monatsmittel der Lufttemperatur der beiden Vormonate. Die multiple lineare Regressionsgleichung hat somit die Form:

$$T_W = a + b \cdot T_{L0} + c \cdot T_{L-1} + d \cdot T_{L-2}$$

mit T_W = Monatsmittel der Wassertemperatur in °C, a = Regressionskonstante, b, c, d = Regressionskoeffizienten, T_L = Monatsmittel der Lufttemperatur des Gebietes 50-60° N, 5-15° E in °C. Die Indizes stehen für 0 = gleicher Monat, -1 = Vormonat, -2 = vor zwei Monaten. In die Regressionsgleichung geht zunächst der Prädiktor mit dem höchsten Korrelationskoeffizienten zum Prädiktanden ein. Das ist stets die Lufttemperatur des gleichen Monats. Danach geht der Prädiktor mit der höchsten Korrelation zu den Residuen usw. ein bis keine signifikante Korrelation zwischen den Residuen und potenziellem Prädiktor mehr vorliegt.
Das Einbeziehen der Lufttemperatur der beiden Vormonate bringt insbesondere im Winterhalbjahr eine deutliche Verbesserung des Regressionsmodells. Jetzt können zwischen 61 und 84 % der Varianz des Prädiktanden erklärt werden (Tab. 6.6).

Tabelle 6.6: Multiple lineare Regressionsgleichung mit dem Monatsmittel der Wassertemperatur der Ufernahen Zone (Travemünde). Variablen in der Regressionsgleichung, Korrelationskoeffizient mit der Lufttemperatur T_L der Gebietes 50-60° N, 5-15° E des gleichen Monats r_0 und multipler Korrelationskoeffizient r_m sowie Angabe des rmse-Wertes und der erklärten Varianz. Die Zahlen stehen für: 0 = gleicher Monat, -1 = Vormonat und -2 = vor zwei Monaten

Monat	Variable in der Regressionsgleichung	r_0	r_m	rmse in K	erklärte Varianz / %
Januar	T_{L0}, T_{L-1}	0,58	0.86	0,4	73,9
Februar	T_{L0}, T_{L-1}, T_{L-2}	0,70	0,88	0,4	77,5
März.	T_{L0}, T_{L-1}, T_{L-2}	0,78	0,91	0,4	83,1
April	T_{L0}, T_{L-1}, T_{L-2}	0,77	0,92	0,4	84,3
Mai	T_{L0}, T_{L-1}, T_{L-2}	0,74	0,85	0,5	72,3
Juni	T_{L0}, T_{L-1}, T_{L-2}	0,67	0,79	0,6	61,3
Juli	T_{L0}, T_{L-1}	0,77	0,80	0,7	68,2
August	T_{L0}, T_{L-1}	0,80	0,86	0,6	73,4
September	T_{L0}, T_{L-1}	0,79	0,86	0,6	74,0
Oktober	T_{L0}, T_L-1, T_{L-2}	0,74	0,84	0,5	71,0
November	T_{L0}, T_{L-1},	0,71	0,86	0,4	73,8
Dezember	T_{L0}, T_{L-1}, T_{L-2}	0,76	0,91	0,4	82,7

In den Monaten Januar bis März kommt es in sehr strengen Wintern gelegentlich zur Berechnung von Wassertemperaturen unterhalb der Schmelztemperatur des Eises. Eine Randbedingung setzt in diesem Fall die Wassertemperatur gleich der Schmelztemperatur des Eises.
Zwischen den beobachteten und den mit dem Regressionsmodell berechneten Wassertemperaturen bestehen keine signifikanten Unterschiede. Die Wurzel der mittleren quadratischen Abweichung zwischen den mit dem Regressionsmodell bestimmten Wassertemperaturen und den

gemessenen Werten (rmse) liegt für die Ufernahe Zone zwischen 0,4 K im Februar und 0,7 K im Juli. Die Methode ist also geeignet, die Monatsmittel der oberflächennahen Wassertemperaturen zu simulieren.
Die Dauer der Badesaison wird aus den Monatsmitteltemperaturen der Wassertemperatur mit dem von HUPFER (1962a) vorgeschlagenen Ansatz abgeschätzt. Es wird davon ausgegangen, dass das Monatsmittel der Wassertemperatur jeweils zur Monatsmitte erreicht wird. Durch eine lineare Interpolation zwischen den beiden benachbarten Monatsmitteltemperaturen, die unter bzw. über der Schwellentemperatur von T_W = 15 °C liegen, wird der erste Badetag und damit der Beginn der Badesaison bestimmt. Der letzte Badetag wird analog ermittelt. Die Dauer der Badesaison errechnet sich dann aus der Differenz der beiden Tage (TINZ 2000).
Dieses Verfahren führt zu einer systematischen Unterschätzung der Dauer der BS, insbesondere wenn die Temperaturen des wärmsten Monats nur geringfügig über dem Schwellenwert liegen. Als Beispiel sei der Fall angeführt, wo im wärmsten Monat des Jahres eine Monatsmitteltemperatur von T_W = 15 °C erreicht wird. Das Verfahren liefert in diesem Fall eine Badesaison von 0 Tagen, während man bei der Annahme von einer gleichmäßigen Streuung der Tageswerte um das Monatsmittel von T_W = 15 °C von etwa 15 Badetagen ausgehen kann. Bei einem zunehmenden Überschreiten der Grenztemperatur und den damit einhergehenden steileren Anstiegen der Kurve der Wassertemperatur bei T_W = 15 °C wird der systematische Fehler kleiner. Um diesen systematischen Fehler bei den kühlen Sommern zu kompensieren, wurde das folgende zweistufige empirische Verfahren angewendet.

1) Für den Fall, dass die berechnete Badesaison weniger als BS = 60 Tage beträgt und die Mitteltemperatur des wärmsten Monats über T_W = 15 °C liegt, wird sie mit

$$BS_{Corr} = BS + 15\frac{60 - BS}{60}$$

korrigiert. Eine Badesaison von BS = 0,1 Tagen wird demnach zu BS = 15,1 Tagen.

2) Für den Bereich der Wassertemperatur des wärmsten Monats T_W = 14...15 °C wird die Badesaison BS mit

$$BS_{Corr} = 15(T_W - 14°C)\frac{Tag}{°C}$$

abgeschätzt. Bei einer Monatsmitteltemperatur von T_W = 14 °C im wärmsten Monat ergibt sich eine Badesaison von BS = 0 Tage und bei T_W = 15 °C eine Badesaison von BS = 15 Tage. Der Anfang und das Ende der Badesaison werden in beide Richtungen gleichmäßig korrigiert. Die Methode erweist sich als geeignet, um aus den Monatsmitteln der Wassertemperatur eine zuverlässige Abschätzung der Dauer der Badesaison zu erhalten Die Korrelationskoeffizienten betragen zwischen Originalreihe und regressierter Reihe r_S = 0,91 und r_P = 0,93, die erklärte Varianz hat den Wert von eV = 86,4 %.

Die Monatsmittel und die Häufigkeitsverteilungen der Gefühlten Temperatur zum Termin 12 Uhr MOZ sowie die daraus abgeleitete Besetzung der Klassen mit thermischem Empfinden werden aus Anomalien der Monatsmittel der Lufttemperatur des Gebietes 50-60° N, 5-15° E sowohl für den Zeitraum 1967-2003 als auch für 1901-2000 abgeschätzt. Ergebnis dieses Verfahrens sind die Häufigkeitsverteilungen der Gefühlten Temperatur auf Monatsbasis, aus denen dann die Monatsmittel sowie die Besetzung der Behaglichkeitsklassen abgeleitet werden. Mit dem Verfahren wird eine realistische Häufigkeitsverteilung der Monatsmittel der Gefühlten Temperatur von Warnemünde simuliert (TINZ 2000).

6.4.3 Ergebnisse

Die mögliche Änderung der thermischen Bedingungen im Bereich der Ostsee im Falle einer Klimaänderung ist seit einigen Jahren Gegenstand der Forschung. Insbesondere für die Eisverhältnisse gibt es eine ganze Reihe von Publikationen. Die Spanne der verwendeten Verfahren reicht von einfachen Sensitivitätsstudien bzw. Trendfortschreibungen (PALOSUO 1953, SEINÄ 1993) über die statistische Kopplung von Eiszeitreihen an die Lufttemperaturreihen von Klimamodellexperimenten (TINZ 1996a, TINZ 1998) bis zum Einsatz von komplexen gekoppelten Eis-Ozean Modellen (z.B. OMSTEDT und NYBERG 1996, HAAPALA und LEPPÄRANTA 1997, HAAPALA et al. 2001). Die Ergebnisse aller Methoden zeigen für den in Zukunft erwarteten Temperaturanstieg von einigen Kelvin eine deutliche Abnahme des Meereisvorkommens, was die flächenhafte Ausdehnung, die Dauer der Eissaison und die Eisdicke betrifft.
Für die Wassertemperatur und die thermische Komponente im Bioklima des Menschen wird auf TINZ und HUPFER (2005a) verwiesen.

Der zeitliche Verlauf der Zeitreihen der Lufttemperatur des Gebietes 50-60° N, 5-15° E gestaltet sich in den drei Klimamodellexperimenten unterschiedlich. Im Kontrolllauf ist kein Langzeittrend feststellbar. Der Temperaturgang ist von kurz- und langperiodischen Schwankungen gekennzeichnet, wie sie auch für die Beobachtungswerte typisch sind. In den beiden Klimamodellexperimenten SUL und GHG bleibt die Temperatur bis etwa 1980 ebenfalls auf einem konstanten Niveau. Danach setzt ein Temperaturanstieg ein, der in beiden Experimenten unterschiedlich stark ausfällt. Im Dezennium 2040-49 ist in den Experimenten SUL und GHG eine Temperaturerhöhung von 1,9 K bzw. 2,6 K gegenüber der Referenzperiode 1879-1990 feststellbar (Tab. 6.7). Im Experiment GHG setzt sich im weiteren Verlauf der Temperaturanstieg leicht abgeschwächt fort, so dass die Mitteltemperatur im letzten Dezennium 2090-99 um 3,9 K über der der Beobachtungswerte liegt. In der Abb. 6.24 ist beispielhaft der Verlauf für die Sommersaison (Mai bis September) angegeben.

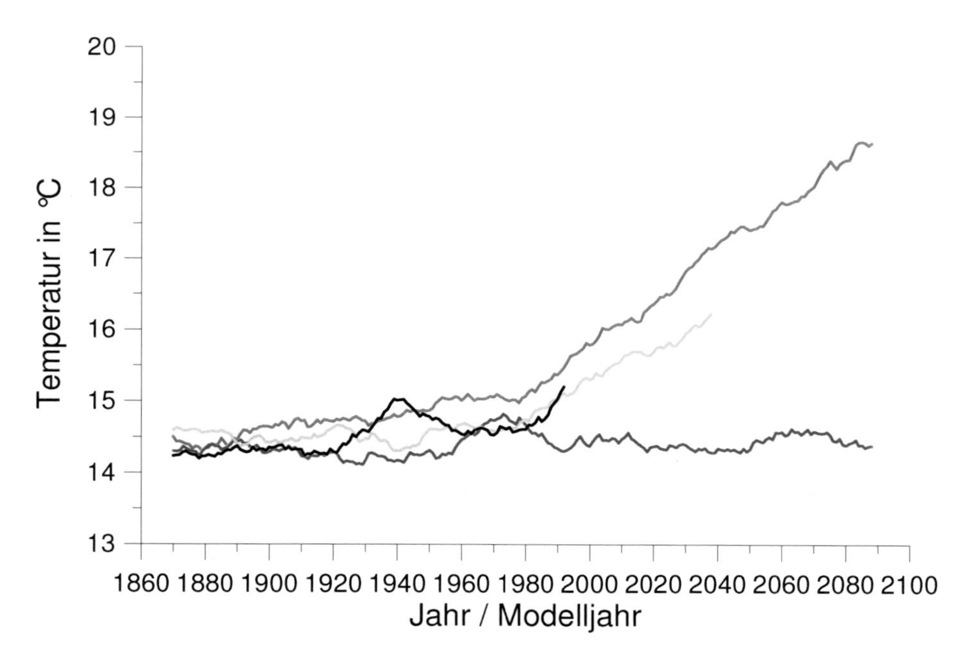

Abbildung 6.24: 21-jährig übergreifend gemittelte Temperaturen Mai bis September (Saison) des Gebietes 50-60° N, 5-15° E in °C. Schwarz: Beobachtungswerte 1860-2003, blau: Kontrolllauf Modelljahre 1860-2099, rot: Klimamodellexperiment IS92a Modelljahre 1860-2099 und gelb: Klimamodellexperiment IS92a mit Sulfat Modelljahre 1860-2049

Die Entwicklung der Lufttemperatur verläuft in den einzelnen Monaten parallel zur Jahresmitteltemperatur und mit gleichen Änderungsraten (Tab. 6.7). Im Kontrolllauf kann kein signifikanter Langzeittrend festgestellt werden, während es in den beiden Treibhausgasexperimenten zu einer erheblichen Temperaturerhöhung kommt, deren Betrag dem Wert des Jahresmittels entspricht.

Tabelle 6.7: Anomalien Δ der Monats- und Jahresmittel der Lufttemperatur des Gebietes 50-60° N, 5-15° E in den Klimamodellexperimenten CTL, SUL und GHG gegenüber dem jeweiligen Mittelwert des Referenzzeitraumes 1901-2000 in K

Zeitreihe	Jan.	Feb.	Mär.	Apr.	Mai	Jun.	Jul.	Aug.	Sep.	Okt.	Nov.	Dez.	Jahr
Δ SUL 2040-49	2,2	1,7	2,2	2,3	1,7	2,0	1,9	1,8	1,8	1,7	1,8	1,9	1,9
Δ GHG 2040-49	2,9	3,3	2,6	2,3	2,2	2,4	2,6	2,6	2,2	2,0	2,8	2,9	2,6
Δ CTL 2090-99	-1,0	0,5	0,5	-0,2	-0,4	-0,1	-0,1	-0,2	-0,1	-0,2	0,2	0,2	-0,1
Δ GHG 2090-99	3,9	4,0	3,7	3,9	3,5	3,7	3,7	3,9	3,9	3,8	4,1	4,5	3,9

Setzt man die Werte der Lufttemperatur Januar/Februar des Gebietes 50-60° N, 5-15° E in die Regressionsgleichung ein, erhält man die Zeitreihen der flächenbezogenen Eisvolumensumme der deutschen Ostseeküste (VAS) gemäß den drei Klimamodellexperimenten. Die mit den Daten des Kontrolllaufes berechnete Klassenbesetzung durch die VAS weist ein weitgehend stabiles Verhalten auf (Abb. 6.25). Im Vergleich mit den Beobachtungswerten ist die Klasse der starken Eiswinter etwas häufiger besetzt. Es ist eine langperiodische Schwankung mit einer Wellenlänge von etwa 100 Jahren erkennbar, die insbesondere auf Schwankungen des Anteils der schwachen Eiswinter zurückzuführen ist.

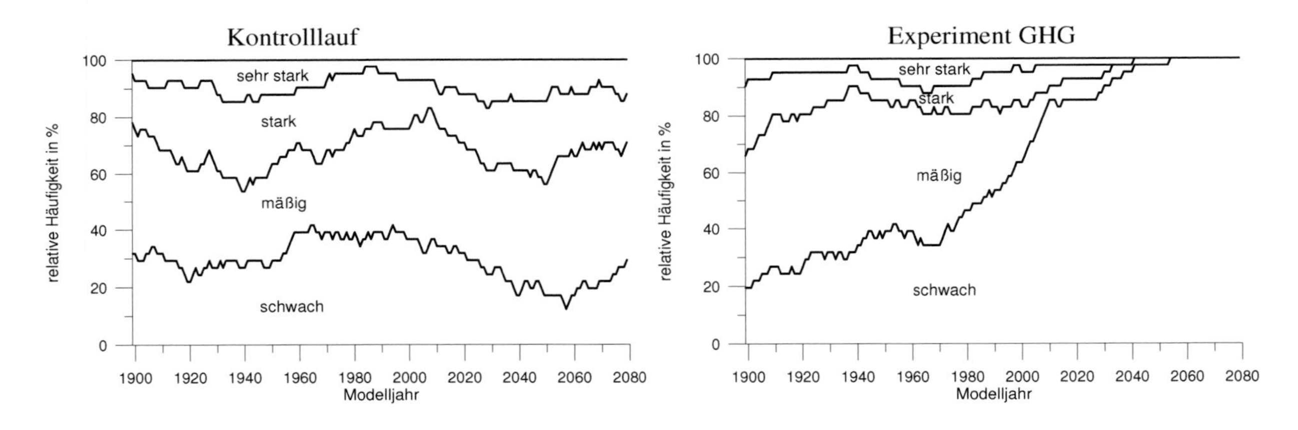

Abbildung 6.25: Besetzung der Eiswinterklassen schwach, mäßig, stark und sehr stark durch die flächenbezogene Eisvolumensumme der deutschen Ostseeküste in Intervallen mit einer Länge von 41 Jahren, die schrittweise um 1 Jahr verschoben wurden. Links: gemäß dem Kontrolllauf ECHAM4/OPYC (Modelljahre 1879-2099) und rechts: gemäß Klimamodellexperiment GHG (Modelljahre 1879-2099)

Im Klimamodellexperiment SUL liegt bis zum Modelljahr 1970 eine ähnliche Besetzung der Eiswinterklassen vor. Danach setzt eine deutliche Zunahme des Anteils schwacher Eiswinter ein, so dass im letzten Abschnitt von 2009-2049 statt 30 % sogar 60 % der Winter dieser Klasse zuzuordnen sind. Die restlichen 40 % werden von mäßigen Eiswintern eingenommen, während starke und sehr starke Eiswinter praktisch nicht mehr vorkommen.
Im Klimamodellexperiment GHG beginnt ab dem Modelljahr 1980 ebenfalls eine starke Zunahme des Auftretens schwacher Eiswinter, die zunächst allein auf Kosten der mäßigen Eiswinter erfolgt (Abb. 6.25). Der Anteil der starken und sehr starken Eiswinter nimmt ab dem Modelljahr 2010 stark ab. Im Abschnitt 1990-2030 nehmen die schwachen Eiswinter 80 % ein; die anderen Klassen teilen sich die restlichen 20 % relativ gleichmäßig. Auch in diesem Zeit-

abschnitt muss noch mit dem vereinzelten Auftreten von sehr starken Eiswintern gerechnet werden. Ab etwa 2050 kommen dann nur noch schwache Eiswinter vor.

Die Entwicklung der Wassertemperatur erfolgt in allen drei Experimenten parallel zur Lufttemperatur und mit vergleichbaren Trendwerten. Ab etwa 1980 ist in den beiden Treibhausgasexperimenten eine deutliche Zunahme zu erkennen, während im Kontrolllauf die Wassertemperatur auf dem Niveau der Beobachtungswerte verbleibt (Abb. 6.26).

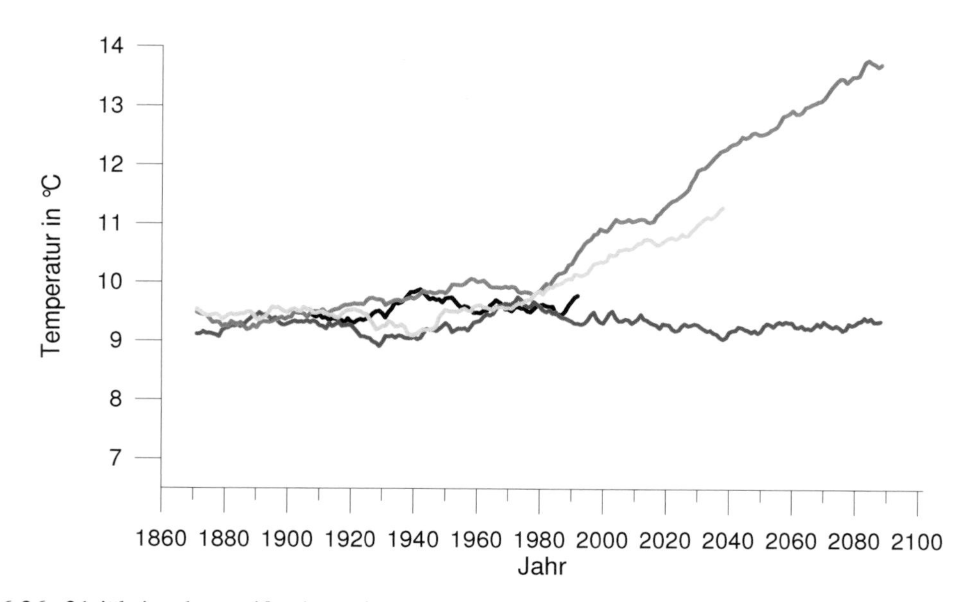

Abbildung 6.26: 21-jährig übergreifend gemittelte Jahresmittel der Wassertemperatur „Ufernahe Zone" zum 06 UTC-Termin. Schwarz: Beobachtungswerte 1897-2004; blau: Kontrolllauf Modelljahre 1-240; gelb: Klimamodellexperiment SUL Modelljahre 1860-2049; rot: Experiment GHG Modelljahre 1860-2099

Im Vergleich mit dem Jahresmittel erfolgt die Entwicklung der Wassertemperatur, wie bei der Lufttemperatur in den einzelnen Monaten mit ähnlichen Trendwerten (Tab. 6.8). Im Experiment GHG würde es bis zum Ende des 21. Jahrhunderts zu einer Erhöhung der Wassertemperatur um etwa 4 K kommen.

Tabelle 6.8: Anomalien Δ der Monats- und Jahresmittel der Wassertemperatur „Ufernahe Zone" in den Klimamodellexperimenten CTL, SUL und GHG gegenüber dem jeweiligen Mittelwert des Referenzzeitraumes 1901-2000 in K

Zeitreihe	Jan.	Feb.	Mär.	Apr.	Mai	Jun.	Jul.	Aug.	Sep.	Okt.	Nov.	Dez.	Jahr
Δ SUL 2040-49	2,2	1,4	1,8	2,1	2,2	1,9	2,1	2,5	2,2	1,5	1,7	1,9	2,0
Δ GHG 2040-49	3,1	2,3	2,5	2,2	2,5	2,3	3,0	3,4	2,8	1,9	2,4	2,8	2,6
Δ CTL 2090-99	-0,7	-0,1	0,5	0,0	-0,2	-0,1	0,1	-0,1	0,0	-0,2	0,1	0,2	0,0
Δ GHG 2090-99	4,3	3,0	3,4	3,5	3,9	3,5	4,4	5,1	4,6	3,4	3,7	4,4	3,9

Die aus den Monatsmitteln der Wassertemperatur gemäß dem im Abschnitt 6.4.2 beschriebenen Verfahren ermittelte Dauer der Badesaison entspricht in allen Experimenten bis 1980 den Beobachtungswerten (Abb. 6.27). Im Kontrolllauf ist auch im 21. Jahrhundert keine trendartige Entwicklung zu verzeichnen. In den beiden Treibhausgasexperimenten setzt sich bis zur Mitte des 21. Jahrhunderts eine Erhöhung um 29 Tage (Experiment SUL) bzw. 34 Tage (Experiment GHG) durch (Tab. 6.9). Der Anstieg verläuft im Experiment GHG bis zum Dezennium 2090-99 etwas abgeschwächt weiter. Die mittlere Badesaison würde demnach am Ende des 21. Jahrhunderts 160 Tage betragen und damit um 54 Tage über den Beobachtungswerten liegen.

Tabelle 6.9: Anomalien Δ der Dauer der Badesaison „Ufernahe Zone" in den Klimamodellexperimenten CTL, SUL und GHG gegenüber dem jeweiligen Mittelwert des Referenzzeitraumes 1901-2000 in Tagen

Zeitreihe	Jahr
Δ SUL 2040-49	29
Δ GHG 2040-49	34
Δ CTL 2090-99	-1
Δ GHG 2090-99	54

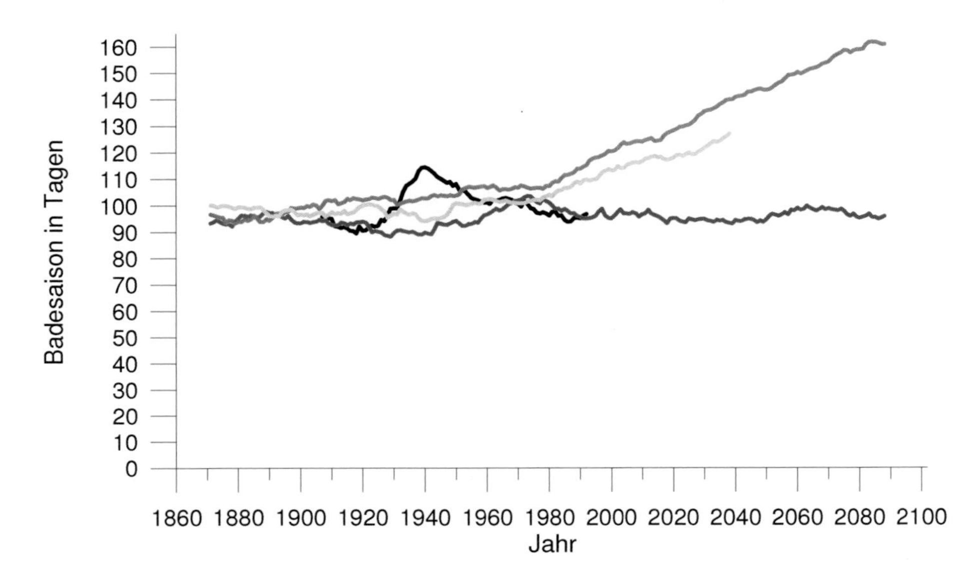

Abbildung 6.27: 21-jährig übergreifend gemittelte Dauer der Badesaison „Ufernahe Zone". Schwarz: Beobachtungswerte 1897-2004; blau: Kontrolllauf Modelljahre 1-240; gelb: Experiment SUL Modelljahre 1860-2049; rot: Experiment GHG Modelljahre 1860-2099

Aus Abb. 6.28 sind die für Warnemünde aus korrespondierenden Werten der regionalen Lufttemperatur gemäß dem Klimamodellexperiment GHG abgeschätzten Werte der Besetzung der Behaglichkeitsstufen zu ersehen. Man erkennt die gute Übereinstimmung der berechneten und beobachteten Werte im (kurzen) Überlappungsbereich 1967-2003. In den Jahren davor gibt es, in Übereinstimmung mit dem rezenten Klimawandel, eine leicht erhöhte Anzahl der Tage mit Kältereiz, während die anderen beiden Klassen thermischer Komfort und Wärmebelastung etwas weniger häufig auftreten.
Gemäß dem Kontrolllauf bleiben die bioklimatischen Verhältnisse auch in der Klimazukunft nahezu konstant. Im Treibhausgasexperiment setzt, beginnend mit dem Zeitraum um das Jahr 1980 eine leichte Zunahme der Anzahl der Tage mit thermischem Komfort ein. Bis zum Ende des 21. Jahrhunderts würde sich eine Erhöhung um 19 Tage einstellen (Tab. 6.10). Einen deutlichen Anstieg weist die Zahl der Tage mit Wärmebelastung auf, deren jährliche Häufigkeit um 33 Tage zunehmen würde. Korrespondierend sinkt die Zahl der Tage mit Kältereiz stark um 52 Tage ab.
Dies würde eine deutliche Änderung der bioklimatischen Bedingungen im Küstengebiet bedeuten. Das seltenere Auftreten von Kältereiz erlaubt eine spürbare Verlängerung der touristischen Saison. Obwohl die Zunahme der Tage mit Wärmebelastung aus bioklimatischer Sicht eine Verschlechterung darstellt, wird diese von den Touristen eher toleriert, wie ein Vergleich mit dem Mittelmeergebiet zeigt. Somit kann davon ausgegangen werden, dass die Attraktivität der Ostseeküste für den Tourismus steigen wird, zumal das konkurrierende Mittelmeergebiet im Sommer möglicherweise zu heiß sein könnte, wie es im Extremsommer 2003 deutlich wurde, als z.B. Touristen auf Mallorca zum Höhepunkt der Hitzewelle die klimatisierten Hotels tagsüber kaum noch verlassen haben.

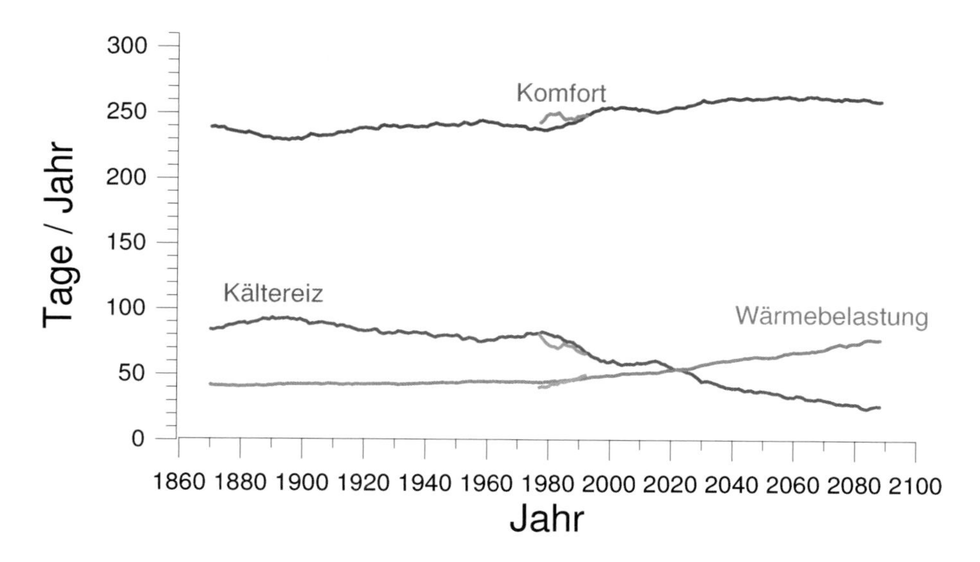

Abbildung 6.28: 21-tägig übergreifende Anzahl der Tage pro Jahr mit Kältereiz (blau), Komfort (grün) und Wärmebelastung (rot) von Warnemünde zum Termin 12 Uhr mittlerer Ortszeit gemäß dem Treibhausgasexperiment IS92a. Mit eingetragen sind die Beobachtungswerte von 1967-2003 (kurze Linien)

Tabelle 6.10: Mittelwert und Abweichung Δ der Anzahl der Tage pro Jahr mit Kältestress (KS), Komfort und Wärmebelastung (WB) zum Termin 12 Uhr mittlere Ortszeit von Warnemünde gemäß Beobachtungen (OBS) und dem Klimamodellexperiment IS92a

Größe	KS	Komfort	WB
OBS 1967-2003	73	246	46
IS92a 1901-2000	80	240	45
Δ GHG 2040-49	-40	22	18
Δ GHG 2090-99	-52	19	33

Zum Schluss soll der Anteil der Zirkulation an der Temperaturentwicklung in den beiden Klimamodellexperimenten abgeschätzt werden. Wie in Abb. 6.29 dargestellt, unterscheidet sich in den beiden Experimenten die winterliche NAO nicht signifikant von den beobachteten Werten.

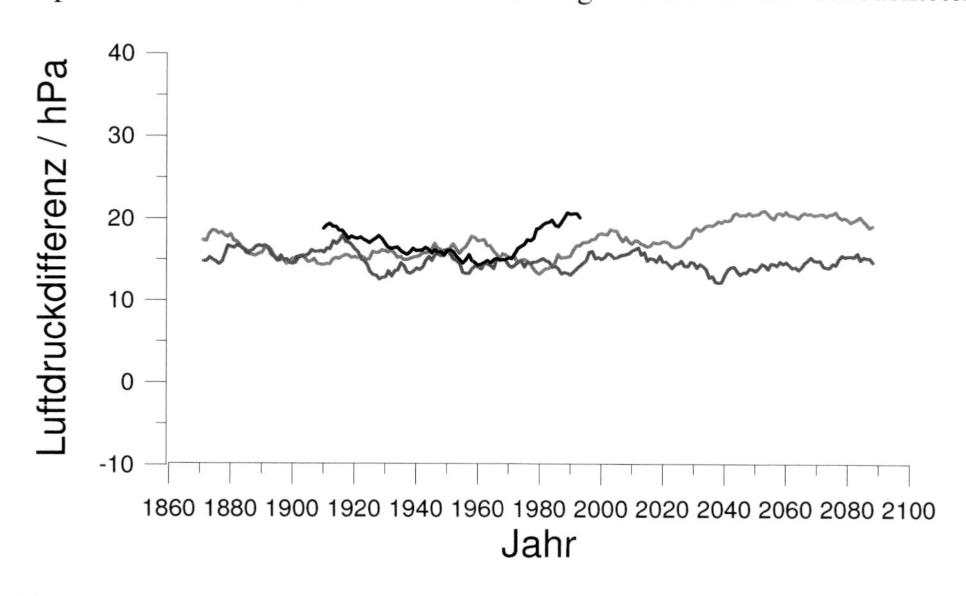

Abbildung 6.29: 21-jährig übergreifend gemittelte Luftdruckdifferenzen Azoren – Island in hPa im Winter (NAO). Schwarz: Beobachtungswerte 1900-2004; blau: Kontrolllauf Modelljahre 1-240; rot: Experiment GHG Modelljahre 1860-2099

Der in den letzten Dezennien beobachtete Anstieg der Zonalzirkulation wird allerdings nicht simuliert (vgl. Abb. 6.21). Erst ab dem Modelljahr 2030 steigt die Luftdruckdifferenz im Treibhausgasexperiment auf das Niveau der Beobachtungswerte um 2000 an, während die Werte im Kontrolllauf nahezu konstant bleiben. Damit kann festgestellt werden, dass ein Anteil von knapp 1 K am Temperaturanstieg von 4 K im Experiment GHG der verstärkten winterlichen Zonalzirkulation zuzuschreiben ist. Der rein treibhausgasbedingte Temperaturanstieg dürfte somit bei 3 K liegen.

6.4.4 Wertung

Sowohl die klimadiagnostischen Befunde der Analyse der langen Datenreihen der Lufttemperatur, der Wassertemperaturen und der anderen untersuchten Größen für das Ostseeküstengebiet als auch die Darstellung der Ergebnisse von Klimamodellrechnungen zur voraussichtlichen Entwicklung haben die Erwartung betätigt, dass im Untersuchungsgebiet rezente Änderungen der Größen das allgemeine klimatologische Bild bestimmen. Die gefundenen Trendwerte passen sich in die Mitteleuropa und den Ostseeraum betreffenden Ergebnisse ein. Als Besonderheit kann vermerkt werden, dass insbesondere die Wassertemperatur erheblich von der Erwärmung in den 1930er und 1940er Jahren beeinflusst worden ist. Einzelergebnisse über Veränderungen von Temperaturen und abgeleiteten Größen bleiben jedoch ein Torso, wenn nicht die schwieriger bestimmbaren Veränderungen aller anderen Klimaelemente in die Analyse mit einbezogen werden. Dazu zählen vor allem die Niederschläge, der Bedeckungsgrad und die Windverhältnisse.
Die ständige Überwachung der Langzeitveränderungen der meteorologischen und klimatologischen Größen im Küstengebiet ist dringendes Gebot.

7 Schlussbemerkung

Das thermische Milieu im Bereich der deutschen Ostseeküste ist in erster Linie durch den sich in unterschiedlichen räumlichen Maßstabsbereichen vollziehenden Übergang zwischen Land und Meer gekennzeichnet. In der Bodenschicht der Atmosphäre erfolgt bereits im Strandbereich eine rasche Transformation vom maritimen Klima des Meeres zum Klima des Binnenlandes. In Abhängigkeit von den sehr variablen Windverhältnissen werden dadurch das Bioklima des Strandes ebenso wie das sehr veränderliche Wassertemperaturfeld erheblich affiziert. Es hat sich daher als zweckmäßig erwiesen, zur Kennzeichnung der thermischen Verhältnisse nicht nur die Lufttemperatur, sondern auch die Wassertemperatur, die Gefühlte Temperatur als Parameter für die bioklimatischen Rahmenbedingungen wie auch die winterlichen Eisverhältnisse mit heranzuziehen. Gerade in solchen klimatologisch differenzierten Gebieten sollte die komplexe Behandlung aller einschlägigen Größen Standard werden. Das gilt auch, wenn klimatische Schwankungen in die Bearbeitung einbezogen werden sollen.
Blicke in die Klimazukunft sind für die weitere ökonomische Entwicklung des Küstengebietes, ganz besonders für die Tourismuswirtschaft von Bedeutung. Schlussfolgerungen können daher nur vorsichtig und äußerst kritisch gezogen werden. Die Voraussetzungen, unter denen die Modellrechnungsergebnisse betrachtet werden müssen, wurden genannt. Verbesserte Ansätze werden folgen. Aus heutiger Sicht kann im Fall des Anhaltens weiterer beträchtlicher Emission von Treibhausgasen folgendes Szenario unter Berücksichtigung von Darlegungen in HUPFER et al. (1998, 2003) u.a. entworfen werden:

1) Als relativ sicher kann gelten, dass der mittlere Wasserstand der Ostsee bis zum Ende des 21. Jahrhunderts um mehrere Dezimeter ansteigen wird. Dementsprechend werden sich die Wirkungen von Sturmfluten verändern, wenngleich Anhaltspunkte vorhanden sind, dass sich deren Häufigkeit und Intensität nur wenig verändern werden.
2) Luft- und Wassertemperaturen werden, differenziert nach Jahreszeiten und Monaten, um einige Grad ansteigen. Diesem Anstieg wird die normale Veränderlichkeit des Klimas in den mittleren Breiten überlagert sein, was bedeutet, dass es auch in Zukunft kühle Sommer und strenge Winter geben wird, allerdings mit stark verringerter Häufigkeit.
3) Mit der Temperaturerhöhung verbessert sich das Bioklima des Küstengebietes im Hinblick auf die touristische Nutzung.
4) Gleichzeitig verlängert sich die sommerliche Badesaison.
5) Im Winter wird das Auftreten von Meereis an der Außenküste möglicherweise zu einer seltenen Erscheinung und damit zu einer touristischen Attraktion werden.

Dieses Szenarium ist mit Unsicherheiten behaftet, die im Text beschrieben worden sind. Das Bild ist unvollständig, da über so wichtige Klimaelemente wie Niederschlag, Sonnenscheindauer, Bedeckungsrad und Windverhältnisse einschließlich Häufigkeit von Wetterextremen noch keine Aussagen gemacht werden können.
Die Unsicherheiten werden mit der weiteren Verbesserung der Klimamodelle sowie der Annahmen über äußere Einflüsse auf das Klima zurückgehen und schrittweise auch Aussagen über die ökonomischen Auswirkungen des Klimawandels in diesem Gebiet zulassen.

Danksagung

Unser Dank gilt allen Institutionen und deren Mitarbeitern, die zum Zustandekommen dieser Publikation beigetragen haben.
Für den Deutschen Wetterdienst sind dies stellvertretend Herr Prof. Dr. G. Jendritzky, Frau Dipl.-Met. Ch. Lefebvre, Frau Dipl.-Met. E. Isokeit, Herr Dipl.-Met. W. Seifert und Herr Dipl.-Met. M. Goesch. Vom Bundesamt für Seeschifffahrt und Hydrographie haben wir wertvolle Unterstützung durch Herrn Dr. S. Müller-Navarra, Frau Dr. N. Schmelzer, Herrn H. Komo, Frau. G. Tschersich und Frau H. Dreyer erhalten.
Für die Überlassung von Daten danken wir Herrn Dr. Henning Baudler, Biologische Station Zingst der Universität Rostock und Herrn Dr. Armin Raabe, Institut für Meteorologie der Universität Leipzig.
Dankbar sind wir nicht zuletzt den Herren Dr. G. Schmager (Marineamt Rostock) und Dr. S. Müller-Navarra für die kritische Durchsicht der Arbeit.

Literatur

BAUR, F. (1958): Physikalisch statistische Regeln als Grundlagen für Wetter- und Witterungsvorhersagen. Zweiter Band. Akademische Verlagsgesellschaft Frankfurt am Main, 152 S.

BETIN, V.V., PREOBRAZENSKIJ, JU.V. (1959): Kolebanija ledovitosti Baltijskogo morija i datskich prolivov (Schwankungen der Eisbedeckung der Ostsee und der dänischen Gewässer). Trudy gosudarstv. okeanogr. inst. Vyp. 37, 3-13

BISSOLLI, P. (1991): Eintrittswahrscheinlichkeit und statistische Charakteristika der Witterungsregelfälle in der Bundesrepublik Deutschland und West-Berlin. Berichte des Instituts für Meteorologie und Geophysik der Universität Frankfurt/Main, 566 S.

BISSOLLI, P. (2002): Wetterlagen und Großwetterlagen im 20. Jahrhundert. Klimastatusbericht 2001, Deutscher Wetterdienst, Offenbach a.M., 32-40

BLÜTHGEN, J. (1954): Die Eisverhältnisse der Küstengewässer von Mecklenburg-Vorpommern. Forsch. z. Dtsch. Landeskd. 85, Remagen, 136 S.

BOCK, K.H., BRAUNER, R., DENTLER, F.-U., ERDMANN, H., GÜNTHER, J., KRESLING, A., SEIFERT, W. (2002): Seewetter. 2. Auflage, DSV-Verlag Hamburg, 388 S.

BÖRNGEN, M., HUPFER, P. (1975): Characteristic Behaviour of Air Temperature and Vapour Pressure in the Contact Zone Between Land and Sea. In: DRUET, CZ., HUPFER, P., KUZNETSOV, O.: The Interaction of the Sea and the Atmosphere in the Nearshore Zone. Raporty Morski Inst. Rybacki (Gdynia) Ser. R. Nr. 1a , 289-298

BRÜCKMANN, R. (1919): Strömungen an der Süd- und Ostküste des Baltischen Meeres. Engelhorn-Verlag Stuttgart, 59 S.

BUNDESAMT FÜR SEESCHIFFAHRT UND HYDROGRAPHIE (1991): Beobachtungen des Eisbedeckungsgrades und der Eisdicke an der deutschen Küste zwischen Ems und Trave in den Wintern 1954/55 bis 1986/87. Meereskundliche Beobachtungen und Ergebnisse 72, Hamburg

BUNDESAMT FÜR SEESCHIFFAHRT UND HYDROGRAPHIE (1994): Eisbeobachtungen an den Hauptfahrwassern der Küste von Mecklenburg-Vorpommern 1956/57 bis 1989/90. Meereskundliche Beobachtungen und Ergebnisse 77, Hamburg

BUNDESAMT FÜR SEESCHIFFAHRT UND HYDROGRAPHIE (1996): Naturverhältnisse der Ostsee. Hamburg und Rostock, 294 S.

CHMIELEWSKI, F.-M. (2005): Biometeorologie. In: HUPFER, P., KUTTLER, W. (Hrsg.): Witterung und Klima. B.G. Teubner Verlag Wiesbaden, 11. Aufl., 459-513

DEFANT, A. (1974): Klima und Wetter. In: MAGAARD, L., RHEINHEIMER, G. (Hrsg.): Meereskunde der Ostsee. Springer Verlag Berlin, Heidelberg, New York, 19-32

DEUTSCHER BÄDERVERBAND (1988): Deutscher Bäderkalender. Flöttmann-Verlag Gütersloh, 625 S.

DICK, S., KLEINE, E., MÜLLER-NAVARRA, S.H., KLEIN, H., KOMO, H. (2001): The Operational Circulation Model of BSH – Model Description an Validation. Berichte des Bundesamtes für Seeschifffahrt und Hydrographie 29, 49 pp.

DIETRICH, G., SCHOTT, F. (1974): Eisverhältnisse. In: MAGAARD, L., RHEINHEIMER, G. (Hrsg.): Meereskunde der Ostsee. Springer Verlag Berlin, Heidelberg, New York, 61-66

DIETRICH G., Kalle, K. (Hrsg., 1975): Allgemeine Meereskunde. Eine Einführung in die Ozeanographie. 3., neubearbeitete Aufl., Bornträger Berlin, 593 S.

EMMRICH, P. (1991): 92 Jahre nordhemispherischer Zonalindex. Meteorol. Rdsch. 43, 161-169

ENDERLE, U. (1986): Eine Revision der Klassifizierung der Eiswinter 1896/7 bis 1982/3 an der schleswig-holsteinischen Ostseeküste. Fachliche Mitteilungen des Amtes für Wehrgeophysik Traben-Trarbach 208, 44 S.

FANGER, P.O. (1972): Thermal Comfort. Analysis and Applications in Environmental Analysis. McGraw-Hill, New York, 244 pp.

FLOHN, H. (1954): Witterung und Klima in Mitteleuropa. Forschungen zur Deutschen Landeskunde 78, S. Hirzel Verlag, Stuttgart, 214 S.

FOKEN, TH. (2003): Angewandte Meteorologie, Mikrometeorologische Methoden, Springer Verlag Berlin, 289 S.

FUCHS, P., MÜLLER-WESTERMEIER, G., CZEPLAK, G. (1998): Die mittleren klimatologischen Bedingungen in Deutschland. Klimastatusbericht 1997, Deutscher Wetterdienst, Offenbach a.M., 11-14

GAGGE, A.P., FOBELETS, A.P., BERGLUND, P.E. (1986): A standard predictive index of human response to the thermal environment. ASHRAE Trans. Vol. 92, 709-731

GARRAT, JR. (1992): The atmospheric boundary layer. Cambridge University Press. 316 pp.

GEIGER, R. (1961): Das Klima der bodennahen Luftschicht. 4. Auflage. Viehweg, Braunschweig, 646 S.

GELLERT, J. F. (1985): Strukturen und Prozesse am Meeresstrand als geomorphologischem und landschaftlichem Grenzsaum zwischen Land und Meer - geologisch-geographische Analyse und Synthese. Petermanns Geogr. Mitt., 239-252

GEO (1997): Eiszeit en miniature. GEO Heft 2/1997, 159f

GERSTENGARBE, F.-W., WERNER, P.C. (1987): Ist der Baur'sche Kalender der Witterungsregelfälle heute noch gültig? Zeitschrift für Meteorologie 37, 263-272

GOEDECKE, E. (1953): Zur „klimatischen" Verlängerung der Badesaison an der deutschen Nordseeküste. Med.-Meterol. Hefte 9, 1-6

GUNDERMANN, G., GUTENBRUNNER, CHR. (1998): Anhang: Heilbäder und Kurorte in der Bundesrepublik Deutschland. In: CHR. GUTENBRUNNER u. G. HILDEBRANDT (Hrsg.): Handbuch der Balneologie und medizinischen Klimatologie. Springer Verlag, Berlin, Heidelberg, New York usw., 759 - 768

HAAPALA , J., ALENIUS, P. (1994): Temperature and Salinity Statistics for the Northern Baltic Sea. Finnish Marine Research 262, 51-121

HAAPALA, J., LEPPÄRANTA, M. (1997): The Baltic Sea ice season in changing climate. Boreal Environment Research 2, 93-108

HAAPALA, J., JOUTTONEN, A., MARNELA, M., LEPPÄRANTA, M., TOUMENVRTA, H. (2001): Modelling the variability of sea-ice condtions in the Baltic Sea under different climate conditions. Annals of Glaciology 33, 555-559

HAASE, CH. (1999): Das Bioklima als natürliches Heilmittel. In: MORISKE, H.-J., TUROWSKI, E.: Handbuch für Bioklima und Lufthygiene. ecomed verlagsgesellschaft, Landsberg am Lech, 1-15

HAGEN, E., FEISTEL, R. (2005): Climatic turning points and regime shifts in the Baltic Sea region: the Baltic winter index (WIBIX) 1659-2002. Boreal Environment Research 10, 211-224

HENDL, M. (2001): Klima. In: LIEDTKE, H., MARCINEK, J.: Physische Geographie Deutschlands. J. Perthes Verlag Gotha, 559 S.

HENNIG, R. (1904): Katalog bemerkenswerter Witterungsereignisse. Abh. Preuß. Meteorol. Inst. 2, 93 S.

HERMANN, E. (1900): Die Eisverhältnisse an der deutschen Ostseeküste im Winter 1899/1900. Ann. Hydr. Mar. Met. 28, 536-541

HÖPPE, P. (1984): Die Energiebilanz des Menschen. Univ. München, Meteorologisches Institut, Wissenschaftliche Mitteilung 49, 171 S.

HOUGHTON, J.T., MEIRA FILHO, L.G., CALLANDER, B.A., HARRIS, N., KATTENBERG, A., MASKELL, K. (Eds., 1996): Climate Change, The science of climate change, Cambridge University Press, Cambridge, 572 pp.

HOUGHTON, J.T., DING, Y., GRIGGS, D.J., NOGUER, M., van der LINDEN, P.J., XIAOSU D. (Eds., 2001): Climate Change 2001: The Scientific Basis. Contribution of Working Group I to the Third Assessment Report of the Intergovernmental Panel on Climate Change (IPCC), Cambridge University Press, UK. 944 pp.

HOUGHTON, J.T. (2004): Global warming. Cambridge University press, 351 pp.

HUPFER, P. (1962a): Die säkulare Erwärmung von Luft und Wasser im Gebiet der Beltsee im Sommer und die Auswirkung auf die Dauer der Badesaison. Angew. Met. 4, 119-126

HUPFER, P. (1962b): Meeresklimatische Veränderungen im Gebiet der Beltsee seit 1900. Veröff. Geophys. Inst. Karl-Marx-Univ. Leipzig, 2. Ser., 17, 355-512

HUPFER, P. (1967): Über den langjährigen Gang der Eisverhältnisse an der südlichen Ostseeküste und ihren Zusammenhang mit rezenten Klimafluktuationen. Angew. Met. 5, 241-250

HUPFER, P. (1974): Über die Eigenschaften des Wassertemperaturfeldes in der ufernahen Zone der westlichen Ostsee. Geophys. Veröff. Univ. Leipzig 3. Ser. 1:1, 59-90

HUPFER, P. (1984): Wechselwirkungen zwischen Meer und Atmosphäre unter den Bedingungen unmittelbarer Küstennähe. Geodät. Geophys. Veröff. R. IV, H. 38, 3-21

HUPFER, P. (1989): Das Klima im mesoräumigen Bereich. Abh. Meteor. Dienst d. DDR 141, 181-192

HUPFER, P., MITTAG, K. (1989): Untersuchungen zum Auftreten der Land-Seewind-Zirkulation an der Ostseeküste bei Zingst. Z. Meteor. 30:6, 338-343

HUPFER, P., RAABE, A. (1994): Meteorological Transition Between Land and Sea in the Microscale. Meteor. Z., 100-103

HUPFER, P. (1996): Unsere Umwelt: Das Klima - Globale und lokale Aspekte. Teubner, Stuttgart und Leipzig, 335 S.

HUPFER, P., TINZ, B. (1996): Klima und Klimaänderungen. In: LOZÁN, J.L., LAMPE, R., MATTHÄUS, W., RACHOR, E., RUMOHR, H., V. WESTERNHAGEN, H. (Hrsg.): Warnsignale aus der Ostsee. Parey Buchverlag Berlin, 24-29

HUPFER, P., TINZ, B. (2001): Langzeitänderungen der Wassertemperatur an der deutschen Ostseeküste. Klimastatusbericht 2000, Deutscher Wetterdienst, Offenbach a.M., 154-160

HUPFER, P., HARFF, J., STERR, H., STIGGE, H.-J. (2003): Die Wasserstände an der Ostseeküste. Die Küste 66, 331 S.

HUPFER, P., KUTTLER, W. (Hrsg., 2005): Witterung und Klima. 11. Aufl. Teubner, Stuttgart, Leipzig und Wiesbaden, 554 S.

HUPFER, P., TINZ, B. (2005): Darstellung thermischer Strukturen mit Hilfe des Kwieciń-Index. Vortragsprogramm und Infos zum 24. Jahrestreffen des AK Klima der Deutschen Geographischen Gesellschaft, Bochum, 28.-30.10.2005, S.33

HUPFER, P., TINZ, B. (2006): Verhalltes Warnsignal: Die Erwärmung des Nordpolargebietes während der ersten Hälfte des 20. Jahrhundert. In: Lozán, J.L., H. Graßl, P. Hupfer, D. Piepenburg, H.-W. Hubberten (Hrsg.): Warnsignale aus den Polarregionen. Wiss. Auswertungen, Hamburg 2006, 193-199

HURRELL, J.W. (1995): Decadal Trends in the North Atlantic Oscillation and relationships to regional temperature and precipitation. Science 269, 676-679

ISOKEIT, E. (2003): Das Klima im Raum Strelasund und Kubitzer Bodden. In: BEHNKE, H. (Hrsg.): Strelasund und Kubitzer Bodden. Meer und Museum, Schriftenreihe des Deutschen Meeresmuseums Bd. 18, 29-33

JENDRITZKY, G., SÖNNING, W. und H.J. SWANTES (1979): Ein objektives Bewertungsverfahren zur Beschreibung des thermischen Milieus in der Stadt- und Landschaftsplanung („Klima-Michel-Modell"). Beitr. Akad. f. Raumforschung u. Landesplanung Bd. 28, 85 S.

JENDRITZKY, G., MENZ, G., SCHIRMER, H. und W. SCHMIDT-KESSEN (1990): Methodik der räumlichen Bewertung der thermischen Komponente im Bioklima des Menschen (Fortgeschriebenes Klima-Michel-Modell). Beiträge d. Akad. f. Raumforschung und Landesplanung Bd. 114, 7-69

JENDRITZKY, G., STAIGER, H., BUCHER, K., GRAETZ, A., LASCHEWSKI, G. (2000): The perceived temperature: the method of Deutscher Wetterdienst for the assessment of cold stress and heat load for the human body. Internet Workshop on Windchill, April 3-7, 2000, Meteorological Service of Canada, Environment Canada.
http://windchill.ec.gc.ca/workshop/sessions/index_e.html

JENDRITZKY, G., GRÄTZ, A., LASCHEWSKI, G., SCHEID, G. (2003): Das Bioklima in Deutschland. Bioklimakarte mit Begleittext und Informationen zur Wohnortwahl. Flöttmann Verlag Gütersloh, 21 S.

JEVREJEVA, S., DRABKIN, V.V., KOSTJUKOV, J., LEBEDEV, A.A., LEPPÄRANTA, M., MIRONOV, YE.U., SCHMELZER, N., SZTOBRYN, M. (2002): Ice time series of the Baltic Sea. Report Series of Geophysics, Univ. of Helsinki, Dep. of Geophysics 44, 113 pp.

JEVREJEVA, S., DRABKIN, V.V., KOSTJUKOV, J., LEBEDEV, A.A., LEPPÄRANTA, M., MIRONOV, YE.U., SCHMELZER, N., SZTOBRYN, M. (2004): Baltic Sea ice seasons in the twentieth century. Climate Research 25, 217-27

JONES, P.D., OSBORN, T.J., BRIFFA, K.R., FOLLAND, C.K., HORTON, B., ALEXANDER, L.V., PARKER, D.E., RAYNER N.A. (2001): Adjusting for sampling density in grid-box land and ocean surface temperature time series. J. Geophys. Res. 106, 3371-3380

JONES, P.D., MOBERG, A (2003): Hemispheric and large-scale surface air temperature variations: An extensive revision and an update to 2001. J. Climate 16, 206-223

JURVA, R. (1944): Über den allgemeinen Verlauf des Eiswinters in den Meeren Finnlands und über die Schwankungen der grössten Vereisung. Sitzungsberichte der Finnischen Akademie der Wissenschaften 1941, 67-112

KAISER, W., NEHRING, D., BREUEL, G., WASMUND, N., SIEGEL, H., WITT, G., KERSTAN, E., SADKOWIAK, B. (1995): Zeitreihen hydrographischer, chemischer und biologischer Variablen an der Küstenstation Warnemünde (westliche Ostsee). Meereswiss. Berichte d. Inst. f. Ostseeforschung Warnemünde, Nr. 11, 1-65

KAUFELD, L., BAUER, M., DITTMER, K. (1997): Wetter der Nord- und Ostsee. Delius Klasing Verlag Bielefeld, 260 S.

KNOCH, K., SCHULZE, A. (1954): Methoden der Klimaklassifikation. Geographisch-kartographische Anstalt Gotha, 78 S.

KONĈEK, N., CEHAK, K. (1969): Untersuchungen über Folgen von Zeiträumen mit unter- oder übernormaler Temperatur in Mitteleuropa. Arch. Met. Geoph. Biokl., Ser. B, 17, 429-438

KORTUM, G., LEHMANN, A. (1997): A. v. Humboldts Forschungsfahrt auf der Ostsee im Sommer 1834. Schr. Naturwiss. Ver. Schlesw.-Holst. 67, 45-58

KOSCHMIEDER, H. (1936): Danziger Seewindstudien. I: Nachweis und Beschreibung sowie Beiträge zur Kinematik und Dynamik des Seewindes. Arb. d. Meteor. Inst. Danzig H. 8, Danzig

KOSLOWSKI, G. (1986): Ice in the ocean. In: SÜNDERMANN, J. (Ed.): Landolt-Börnstein. Numerical Data and Functional Relationships in Science and Technology, Group V: Geophysics and Space Research, Vol. 3c, Oceanography, Springer Verlag Berlin, Heidelberg, New York, 167-190

KOSLOWSKI, G. (1989): Die flächenbezogene Eisvolumensumme, eine neue Maßzahl für die Bewertung des Eiswinters an der Ostseeküste Schleswig-Holsteins und ihr Zusammenhang mit dem Charakter des meteorologischen Winters. Dt. hydrogr. Z. 42, 61-80

KOSLOWSKI, G., LOEWE, P. (1994): The Western Baltic sea ice season in terms of a mass-related severity index: 1879-1992. Part I: Temporal variability and association with the north Atlantic Oscillation. Tellus 46A, 66-74

KOSLOWSKI, G., GLASER, R. (1995): Reconstruction of the ice winter severity since 1701 in the Western Baltic. Climatic Change 31, 79-98

KRÜMMEL, O. (1911): Handbuch der Ozeanographie. Bd. II, J. Engelhorns Nachf. Stuttgart, 764 S.

KWIECIŃ, K. (1962) Próba określenia zasiegu wplywu baltyku na klimat przleglego pogorza. Bulletin Panstw. Inst. Hydrol. Meteorol., Warszawa, 15-22

LABITZKE, K., v. LOON, H. (1999): The Stratosphere. Springer Verlag Berlin, 179 pp.

LAMB, P.J., PEPPLER, R.A. (1987): North Atlantic Oscillation: Concept and an Application. BAMS 68, 1218-1225

LEFEBVRE, CH. (2005a): Die Witterung in den deutschen Küstengebieten. Wetterlotse 57, 141-149

LEFEBVRE, CH. (2005b): Das Klima an deutschen Küsten. Klimastatusbericht 2004, Deutscher Wetterdienst, Offenbach a.M., 101-105

LEHMANN, A. (2002): Die säkulare Klimareihe von Potsdam. Klimastatusbericht 2001, Deutscher Wetterdienst, Offenbach a.M., 227-239

LEHMANN, A., KRAUSS, W., HINRICHSEN, H.-H. (2002): Effects of remote and local atmospheric forcing on circulation and upwelling in the Baltic Sea. Tellus 54A:3, 299-316

LETTAU, K., LETTAU, H. (1940): Über bioklimatische Besonderheiten der ostpreußischen Küste im Sommer. Z. Angew. Meteor. 57:7, 205-214

LOEWE, P., KOSLOWSKI, G. (1998): The Western Baltic sea ice season in terms of a mass-related severity index: 1879-1992. (II). Spectral characteristics and associations with the NAO, QBO, and solar cycle. Tellus A, Vol. 50A, N2, 219-241

MALBERG, H. (1994): Bauernregeln. Aus meteorologischer Sicht. Springer Verlag Berlin, Heidelberg, New York, 2. Aufl., 200 S.

MANNEL, H. (1989): Zur Prognose der strandnahen Lufttemperaturanomalie an der Ostseeküste bei Zingst. Diplomarbeit im Studiengang Meteorologie, Sektion Physik der Humboldt-Universität zu Berlin, 55 S.

MATTHÄUS, W. (1996): Temperatur, Salzgehalt und Dichte. In: RHEINHEIMER, G. (Hrsg.): Meereskunde der Ostsee. Springer Verlag Berlin, Heidelberg, New York, 75-81

MATZARAKIS, A. (2001): Die thermische Komponente des Stadtklimas. Wiss. Ber. Meteorol. Inst. Univ. Freiburg Nr. 6.

MÜLLER, M.J. (1996): Handbuch ausgewählter Klimastationen der Erde. Forschungsstelle Bodenerosion Mertesdorf (Ruwertal), Trier, 400 S.

MÜLLER, TH. (1998): Die Temperatur, Extremniederschläge und die größte Dürre in den Sommern der vergangenen 118 Jahre (1879-1996) in Greifswald. Heimatkalender Anklam, Schibri-Verlag Milow, 68-77

MÜLLER-NAVARRA, S.H., LADWIG, N. (1997): Über Wassertemperaturen an deutschen Küsten. Die Küste 59, 1-26

MÜLLER-WESTERMEIER, G. (1995): Numerisches Verfahren zur Erstellung klimatologischer Karten. Berichte des Deutschen Wetterdienstes 193, Offenbach a.M., 17 S.

MÜLLER-WESTERMEIER, G. (1996): Klimadaten von Deutschland, Zeitraum 1961 - 1990 (Lufttemperatur, Luftfeuchte, Niederschlag, Sonnenschein, Bewölkung), Offenbach am Main, 431 S.

MÜLLER-WESTERMEIER, G. (2002): Klimatrends in Deutschland. Klimastatusbericht 2001, Deutscher Wetterdienst, Offenbach a.M., 114-123

MUNN, R.E., RICHARDS, T.L. (1964): The lake Breeze: A Survey of the Literature and some Applications to the Great Lakes. Univ. of Michigan, Great Lakes Research Div., Publ. No. 11, 253-866

NAKICENOVIC, N., SWART, R. (Eds., 2000): Emissions Scenarios 2000. Special Report of the Intergovernmental Panel on Climate Change, Rob Cambridge University Press, UK. 570 pp.

NEHLS, E. (1933): Das Klima des Ostseegebiets. Versuch einer dynamischen Klimatologie. Dissertation an der Universität Greifswald, 90 S.

NEUBER, E. (1970): Einige Aspekte des Einflusses der Ostsee auf das Klima Mecklenburgs. Veröff. Geophys. Inst. Univ. Leipzig, 2. Ser., 19:4, 413-424

NITZSCHKE, A. (1970): Zum Verhalten der Lufttemperatur in der Kontaktzone zwischen Land und Meer bei Zingst. Veröff. Geophys. Inst. Univ. Leipzig, 2. Ser., 19:4, 25-433

NUSSER, F. (1950): Gebiete gleicher Eisvorbereitungszeit an den deutschen Küsten. Dt. hydrogr. Z., 3, 220-227

OLBERG, M. (1988): Verfahren der Zeitreihenanalyse und ihre Nutzung bei der Untersuchung von Klimaschwankungen. Abh. Meteorol. Dienstes DDR 140, 115-122

OMSTEDT, A., NYBERG, L. (1996): Response of Baltic sea ice to seasonal, interannual forcing and climate change. Tellus 48A, 644-662

OMSTEDT, A., CHEN, D. (2001): Influence of atmospheric circulation on the maximum ice extent in the Baltic Sea. Journal of Geophysical Research 106, 4493-4500

OMSTEDT, A., NOHR, CH. (2004): Calculating the water and heat balances of the Baltic Sea using ocean modelling and available meteorological, hydrological and ocean data. Tellus 56A, 400-414

OMSTEDT, A., PETTERSEN, CH., ROHDE, J., WINSOR, P. (2004): Baltic Sea climate: 200 yr of data on air temperature, sea level variation, ice cover, and atmospheric circulation. Climate Research 25, 205-216

PALOSUO, E. (1953): A treatise on severe ice conditions in the Central Baltic. Finnish Marine Research 50, 130 pp.

PETERSEN, P., OELLRICH, H. (1930): Die Eisverhältnisse an den deutschen Küsten, einschließlich Memel und Danzig. Nach 25jährigen Beobachtungen vom Winter 1903/04 bis 1927/28. Ann. Hyd. Mar. Met. 58, 25-36

v. PETERSSON, H. (1954): Winterliche Hochdruckgebiete und Eisverhältnisse in der südlichen und mittleren Ostsee im Winter 1950/51. Ann. Hydrogr. 1, 17-32

PRAHM, G. (1951): Die Abschmelzzeit des Eises an den deutschen Küsten zwischen Ems und Oder. Dt. Hydrogr. Z. 4, 17

PRÜFER, G. (1942): Die Eisverhältnisse in den deutschen und den ihnen benachbarten Ost- und Nordseegebieten. Ann. Hydrogr. Marit. Meteorol. 70, 33-50

RAABE, A. (1986): Zur Höhe der internen Grenzschicht der Atmosphäre bei ablandigem Wind über See. Z. Meteor. 36, 308-311

RAABE, A. (1991a): Die Höhe der internen Grenzschicht. Z. Meteor. 41, 251-261

RAABE, A. (1991b): Zur Wechselwirkung von Atmosphäre und Meer in Küstennähe in unmittelbarer Nähe einer Küste. Geophys. Veröff. Univ. Leipzig 3. Ser., 57-73

RAHMSDORF, S. (1999): Shifting seas in the greenhouse. nature 399, 523-524

RAPP, J. (2000a): Konzeption, Problematik und Ergebnisse klimatologischer Trendanalysen für Europa und Deutschland. Ber. Dt. Wetterdienst Nr. 212, Offenbach a.M., 145 S.

RAPP, J. (2000b): Eine erweiterte Definition des Begriffes „Trend“ in der Klimadiagnose. Klimastatusbericht 1999, Deutscher Wetterdienst, Offenbach a.M., 107-110

RODEWALD, M., (1952): Auswirkung der Klimaschwankung auf die Badesaison an der See. Heilbad und Kurort 4, 112-113

ROECKNER, E., ARPE, K., BENGTSSON, L., CHRISTOPH, M., CLAUSSEN, M., DÜMENIL, L., ESCH, M., GIORGETTA, M., SCHLESE, U., SCHULZWEIDA, U. (1996): The atmospheric general circulation model ECHAM4: Model description and simulation of present-day climate, Max-Planck-Institut für Meteorologie, Report 218, 90 pp.

ROECKNER, E., BENGTSSON, L., FEICHTER, J., LELIEVELD, J., ROHDE, H. (1998): Transient climate change simulations with a coupled atmosphere-ocean GCM including the tropospheric sulfur cycle, Report No. 266, Max-Planck-Institut für Meteorologie, Hamburg, 25 pp.

ROGERS, J.C. (1984): The association between the North Atlantic Oscillation and the Southern Oscillation in the Northern Hemisphere. Mon. Wea. Rev. 112, 1999-2015

SACHS, L. (1992): Angewandte Statistik. 7., völlig neu bearb. Aufl., Springer Verlag Berlin, Heidelberg, New York, 846 S.

SCHARNOW, U. (Hrsg., 1978): Grundlagen der Ozeanologie. transpress Verlag Berlin, 434 S.

SCHERHAG, R. (1939): Die Erwärmung des Polargebiets. Ann. d. Hydogr. u. maritim. Meteor. 67:11, 57-67

SCHIRMER, H., BUSCHNER, W., CAPPEL, A., MATHÄUS, G., SCHLEGEL, M. (1987): Meyers kleines Lexikon Meteorologie. Meyers Lexikonverlag Mannheim, Wien, Zürich, 496 S.

SCHMAGER, G., HUPFER, P. (1974): Beitrag zur Kenntnis der kurzwelligen Reflexstrahlung im Übergangsgebiet zwischen Land und Meer. Geophys. Veröff. Univ. Leipzig, 3. Ser., 21-38

SCHMELZER, N. (2001): Statistische Angaben zu den Eisverhältnissen an der deutschen Ostseeküste. Eisdienst des Bundesamtes für Seeschifffahrt und Hydrographie Hamburg und Rostock, unv. Manuskript, pers. Mitt.

SCHMELZER, N., STRÜBING, K., STANISAWCZYK, I., SZTOBRYN, M. (2004): Die Eiswinter 1999/2000 bis 2003/04 an der deutschen Nord- und Ostseeküste. Berichte des BSH 37, 105 S.

SCHÖNWIESE, C.-D. (2000): Praktische Statistik für Meteorologen und Geowissenschaftler. Borntraeger, 3. Aufl., 298 S.

SCHÖNWIESE, C.-D. (2002): Beobachtete Klimatrends im Industriezeitalter: Ein Überblick global/Europa/Deutschland. Berichte aus dem Institut für Meteorologie und Geophysik der Universität Frankfurt/Main, 106, 1-93

SCHÖNWIESE, C.-D. (2003): Jahreszeitliche Struktur beobachteter Temperatur- und Niederschlagtrends in Deutschland. In: CHMIELEWSKI, F.-M., FOKEN, TH. (Hrsg.) Beiträge zur Klima- und Meeresforschung. Berlin und Bayreuth, 59-68

SCHOTT, G., (1924): Physische Meereskunde. De Gruyter, Berlin, Sammlung Göschen Bd. 112, 155 S.

SEINÄ, A. (1993): Ice time series of the Baltic Sea. In: LEPPÄRANTA, M., HAAPALA, J. (Eds.): Proc. of the first workshop on the Baltic Sea ice Climate. Univ. of Helsinki, Department of Geophys., Report Ser. in Geophys. 27, University of Helsinki, 87-90

SIEDLER, G., PETERS, H. (1986): Physical properties (general) of sea water. In: SÜNDERMANN, J. (Ed.): Landolt-Börnstein. Numerical Data and Functional Relationships in Science and Technology, Group V: Geophysics and Space Research, Vol. 3a Oceanography, Springer Verlag Berlin, Heidelberg, New York, 233-264

SIEGEL, H., GERTH, M., RUDLOFF, R., TSCHERSICH, G. (1994): Dynamic features in the Western Baltic Sea investigated using NOAA-AVHRR data. Dt. hydrogr. Z. 46, 191-209

SPEERSCHNEIDER, C.I.H. (1915): Om Isforholdene i Danske Farvande i Ældre og Nyere Tid Aarene 690-1860. (Über die Eisverhältnisse in den dänischen Fahrwassern in älterer und jüngerer Zeit von 690-1860.) Publikationer fra det Danske Meteorologiske Institut. Meddelelser 2, 141 S.

STAIGER, H., BUCHER, K., JENDRITZKY, G. (1997): Gefühlte Temperatur. Die physiologisch gerechte Bewertung von Wärmebelastung und Kältestress beim Aufenthalt im Freien in der Maßzahl Grad Celsius. Annalen der Meteorologie Vol. 33, 100-107

STATISTISCHES BUNDESAMT (2004): Übernachtungszahlen in Beherbergungsstätten nach Bundesländern. http://www.destatis.de/basis/d/tour/tourtab3.php, Stand 02/2005

STELLMACHER, R., TIESEL, R. (1989): Über die Strenge mitteleuropäischer Winter - eine statistische Untersuchung. Z. Meteorol. 39, 56-59

STRÜBING, K. (1996): Eisverhältnisse. In: RHEINHEIMER, G. (Hrsg.): Meereskunde der Ostsee. Springer Verlag Berlin, Heidelberg, New York, 81-86

TARAND, A. (1992): Ice-cover in the Baltic region. Proceedings on the Int. Symp. on the Little Ice Age Climate. Tokyo, 94-100

TIESEL, R. (1996): Das Wetter. In: RHEINHEIMER, G. (Hrsg.): Meereskunde der Ostsee. Springer Verlag Berlin, Heidelberg, New York, 46-55

TINZ, B. (1995): Untersuchung der Eisverhältnisse der Ostsee und deren Zusammenhang mit Klimaschwankungen. Spez.arb. a. d. Arb.gr. Klimaforschung d. Meteor. Inst. d. Humboldt-Universität zu Berlin Nr. 10, 65 S.

TINZ, B. (1996a): On the relation between annual maximum extent of ice cover in the Baltic Sea and sea level pressure as well as air temperature field. Geophysica 32(3), 319-341

TINZ, B. (1996b): Anmerkungen zu den Eisverhältnissen an der deutschen Ostseeküste im Winter 1995/96 und Beschreibung eines außergewöhnlichen Eiswalls auf der Insel Rügen. Wetterlotse 48, Nr. 5592, 122-124

TINZ, B. (1997a): On the Relation between Annual Maximum Extent of Ice Cover in the Baltic Sea and Air Temperature Field an Expected Changes in the Future. Publications of Second Workshop on the Baltic Sea Ice Climate held in Otepää, Estonia, 02.-05.09.1996, Publicationes Instituti Geografici Universitatis Tartuensis 84, 51-62

TINZ, B. (1997b): Vereisung der Ostsee im Wandel der Zeiten. Spektrum der Wissenschaft 1/1997, 106-109

TINZ, B. (1998): Sea ice winter severity in the German Baltic in a greenhouse gas scenario. Dt. hydrogr. Z. 50, 33-45

TINZ, B., HUPFER, P. (1999): Zum Verhalten der Wassertemperatur und bioklimatischer Parameter im Bereich der deutschen Ostseeküste. Die Küste 61, 211-230

TINZ, B. (2000): Der thermische Impakt von Klimaschwankungen im Bereich der deutschen Ostseeküste. Dissertation, Freie Univ. Berlin, FB Geowissenschaften 1999. Shaker-Verlag, Aachen, 172 S.

TINZ, B. (2003): Die Nordatlantische Oszillation und ihr Einfluss auf die europäischen Lufttemperaturen. Klimastatusbericht 2002, Deutscher Wetterdienst, Offenbach a. M., 32-41

TINZ, B., JENDRITZKY, G. (2003): Europa- und Weltkarten der Gefühlten Temperatur. In: CHMIELEWSKI, F.-M., FOKEN, TH. (Hrsg.) Beiträge zur Klima- und Meeresforschung. Berlin und Bayreuth, 113-123

TINZ, B., HUPFER. P. (2005a): Thermal conditions during the summer season in the German Baltic coast in the 20th and 21st century. Meteorologische Zeitschrift 14/2, 291-296

TINZ, B., HUPFER, P. (2005b): Auftrieb von Tiefenwasser an der deutschen Ostseeküste: Ein Fallbeispiel. promet 31/1, 77-79

TRENBERTH, K.E., PAOLINO JR., D.E. (1980): The Northern Hemisphere sea-level pressure data set: trends, errors and discontinuities. Mon. Weather Rev. 108, 855-872

TUROWSKI, E. (1999): Die Wirkungen des Bioklimas / Die bioklimatischen Wirkungskomplexe. In: MORISKE, H.-J., TUROWSKI, E.: Handbuch für Bioklima und Lufthygiene. ecomed verlagsgesellschaft, Landsberg am Lech, 1-26

VDI (1994): Umweltmeteorologie. Wechselwirkungen zwischen Atmosphäre und Oberflächen; Berechnung der kurz- und langwelligen Strahlung. VDI-Richtlinie 3789 Blatt 2

VDI (1998): Umweltmeteorologie. Methoden zur human-biometeorologischen Bewertung von Klima und Lufthygiene für die Stadt- und Regionalplanung. Teil I. Klima, VDI-Richtlinie 3787 Blatt 2

WALKER, G.T. (1924): Correlations in seasonal variations of weather. Mem. Indian Meteor. Dept. 24, 275-332

WALLACE, J.M., GUTZLER, D.S. (1981): Teleconnections in the Geopotential Height Field during the Northern Hemispheric Winter. Mon. Weather Rev. 109, 784-812

WEIKINN, C. (1958-1963): Quellentexte zur Witterungsgeschichte Europas von der Zeitwende bis zum Jahr 1850. Akademie-Verlag Berlin, Bd. 1, Teil 1 (1958), 531 S., Teil 2 (1960), 486 S., Teil 3 (1961), 586 S., Teil 4 (1963), 381 S.

WERNER, C.D., GERSTENGARBE, F.-W. (2003): Visual meteorological observations as indicators of climate changes, derived from long-term time series of the Potsdam station. Meteorologische Zeitschrift 12, 47-50

WMO (1987): Baltic multilingual list of sea-ice terms. World Meteorological Organization. Marine Meteorology and related oceanographic activities, Report 18

YOSHINO, M. M. (1976): Climate in a small area. An Introduction to local Meteorology. Intern. Book. Distr., Hempstead, 549 pp.

ZENKER, H. (1957): Lokalklimatische Studien in Heringsdorf/Usedom. Angew. Met. 2, 289-300

ZENKER, H. (1967): Über Land- und Seewinde an der Küste der Insel Usedom und ihre bioklimatische Bedeutung. Abh. d. Meteor. Hydrol. Dienstes der DDR Nr. 44, 70 S.